别让坏脾气害了你

张静波◎编著

谁掌控了情绪，谁就能掌控一切

中国社会出版社
国家一级出版社★全国百佳图书出版单位

图书在版编目（CIP）数据

别让坏脾气害了你 / 张静波编著．—北京：中国社会出版社，2014.9
ISBN 978-7-5087-4827-6

Ⅰ．①别…　Ⅱ．①张…　Ⅲ．①情绪—自我控制—通俗读物
Ⅳ．①B842.6-49

中国版本图书馆 CIP 数据核字（2014）第 182878 号

书　　名：别让坏脾气害了你
编　　著：张静波
责任编辑：杜　康

出版发行：中国社会出版社　**邮政编码**：100032
通联方法：北京市西城区二龙路甲 33 号
电　话：编辑部：（010）66032739
邮购部：（010）66081078
销售部：（010）66080300　（010）66085300
（010）66083600
传　真：（010）66051713　（010）66080880
网　　址：www.shcbs.com.cn
经　　销：全国各地新华书店

印刷装订：中国电影出版社印刷厂
开　　本：170mm×240mm　1/16
印　　张：15
字　　数：200 千字
版　　次：2014 年 10 月第 1 版
印　　次：2018 年 8 月第 2 次印刷
定　　价：39.00 元

前　言

生活中，坏脾气困扰着很多人。上班途中，因为堵车，急得跟热锅上的蚂蚁；公交车上，因为抢座，恶语相向，甚至大打出手；到了单位，因为意见不合，跟同事较劲逞强；回到家中，因为不顺心，跟家人怄气，说一些伤人的话。

研究发现，每个人在一生中，平均有3/10的时间处于情绪不佳的状态。可见，人们经常需要跟情绪作斗争，尤其是坏情绪。有情绪并不可怕，可怕的是，对坏情绪熟视无睹，任由其发展，最终因为冲动做出令自己追悔莫及的事情。

在我们身边，有很多人因为坏脾气和失控的情绪，不断做出可怕的蠢事，他们一步一步毁掉自己原本美好的人生。其中有很多还是高智商或天资聪颖的人。还有不少人因为经常生闷气，导致身体出现剧烈的生理反应，体内毒素增多，最终危及自己的身心健康。

毫不夸张地说，坏脾气是导致人生失败和不幸的根源。那么，我们该如何驾驭心中的坏脾气呢？答案是做情绪的主人。每个人心中都有一把控制情绪的钥匙，但我们却经常把它交给别人掌管。碰到糟糕的客户，我们会不开心；碰到苛刻的老板，我们会生气；碰到别人的讽刺和挖苦，我们会暴跳如雷。但其实，你完全可以不生气。

安东尼·罗宾有句名言："你有什么样的感觉，你就有什么样的生活。"在本书里，我们会带你一起研究经典的情绪案例，找到坏脾气如同脱缰野马一样失控的原因，并告诉你如何通过合理的方法来释放、疏导内心的积郁；我们会教你如何将坏脾气锁在牢笼里，时刻保持清醒、理性；我们会教你如何安抚内心的焦虑和紧张，抛弃杂念，放下执着。

一旦你学会这些情绪调节方法，你就能体验到完全不一样的人生，在工作、生活和社会交往中游刃有余，成为一个轻松、快乐的人。

每本书的出版，都离不开众多幕后英雄的支持。本书从策划开始，就得到了张朝贵、钟翠芳、牛晓玲、牛领辉、王帅、张昀明、陈宇峰、王义龙、赵菁、张静娴、张玉雄、张燕等人的帮助，他们为本书的编写提供了大量宝贵的资料和建议，在此一一表示感谢。

本书的编写借鉴和参阅了大量的参考文献，得益于前人的努力，本书才能够如此生动、丰富。限于篇幅，书中未能全部列出。在此，谨向各位专家和学者表示衷心的感谢！

编者

2014 年 7 月

目录

CONTENTS

CHAPTER ONE

做情绪的主人

第一章

- 认识你的情绪
- 你属于哪种情绪类型
- 别让坏情绪左右你
- 76%的疾病都与情绪有关
- 如何管理自己的情绪
- 释放潜意识的伤痛

认识你的情绪

情绪是什么？大多数人可能会脱口而出：喜怒哀乐。没错，不过用专业的说法，也就是心理学家总结出来的说法是喜怒哀惧。人类所有的情绪都可以分为这四大类，除此之外还可以细分为开心、快乐、激动、恼怒、痛苦、妒忌、悔恨等等。

据说，哺乳动物也有这四种基本情绪，只不过像人类这样情绪丰富的动物，再也找不出第二种来。由于人类感情丰富、感觉细腻，通过情绪表现出来的心理活动也是千变万化，据专家统计，人类的情绪大概有上千种表现方式。

在这上千种情绪中，有积极的，也有消极的。例如，喜悦、轻松、幸福，这些情绪都是积极的，所起到的作用也是积极的，人们在这种情绪支配下，做事会比较顺畅，积极性比较高，容易有所创新，有所成就。相反，如果一个人整天唉声叹气、以泪洗面，那么，他就会表现得非常被动，做事的效率不高，容易对生活产生不满，挫折感强，这样的人无论在学习还是工作上都不会取得令人满意的成绩。

情绪积极与否，往往与所处事件的性质有关，听到某个好消息，实现某个心愿，取得优异的成绩，会使人神清气爽、精力充沛、喜不自胜。接触到不好的事情，听到噩耗，或遇到不顺心的事，会使人愁眉紧锁、郁郁寡欢、悲痛不已。

虽然一般人很容易被情绪支配，但人们也有控制情绪的能力。“不以物喜，不以己悲”“忍一时风平浪静，退一步海阔天空”等，都是人们控制、约束自己情绪的经典格言。在良好的情绪下，人们能够保持理智，作出正确的选择或决定。

相传，周宣王喜欢看斗鸡表演。他手下有个专门驯养斗鸡的人叫纪渻子。一天，有人从外地送来一只非常强壮的斗鸡，宣王很高兴，命人交给纪渻子进行训练。过了几天，周宣王见到纪渻子，问他：“前几天交给你的斗鸡，训练得怎么样了？可以上场比赛了吗？”纪渻子答道：“还不行，这只鸡血气方刚，斗志很强，还不适合上场。”又过了几天，急性子的周宣王又问纪渻子，纪渻子答道：“还不行，这只鸡一看到其他鸡就会冲动，所以还要再等等。”又过了几天，周宣王再问。这一次，纪渻子说：“可以了！因为它看到其他斗鸡，听到它们的声音时，不为所动，它的心已不受外物所扰，就像木鸡一样，可以上场了！”

于是，周宣王便用这只鸡去斗鸡。结果，它一上场就稳如泰山，哪怕其他斗鸡在身边百般挑衅，它仍然无动于衷，双目怒视对方，吓得对方自然后退，没有一只鸡敢向它挑战。

一只鸡控制住自己的情绪，会成为战无不胜的斗鸡，一个人如果控制住自己的情绪，是不是也会变得更强大呢？答案是肯定的！人在不理智的情况下，会被冲动的情绪控制，不能客观地评估现状，最终做出一些傻事，等情绪恢复平静时常常追悔莫及。因此，我们有必要认识自己的情绪，进而控制自己的情绪。那么，如何认识自己的情绪呢？

下面四种方法可以借鉴：

记录法：如果不能察觉自己的情绪，最好记到本子上。按照情绪的类型、时间、地点、人物、过程、原因、影响等项目，列出一个情绪记录表，连续记录两周，过段时间再回过头来看看，你就能发现自己情绪的变化。

反思法：对照情绪记录表，反思自己的情绪。问问自己：为什么会产生这样的情绪？这种情绪导致了什么后果？今后如何避免此类情绪再次产生？等等。

交流法：所谓当局者迷，旁观者清，自己的情绪有时很难认识透彻。对此，可以找你的家人、领导、下属、朋友等进行交流，从他们那里获得你最近的情绪状况。

测试法：求助于情绪测试软件，或向相关的专业人士进行咨询，以便清楚地掌握自己的情绪，并从中获取有益的建议或方法。

只有了解自己的情绪，才能采取有效的措施去管理自己的情绪，从而保证自己无论在何种场合、何种情况下，都能做出比常人更加理智的行为来，避免因一时冲动而造成终身遗憾，让自己的内心逐渐回归平静，永远保持积极、健康、充满正能量。

你属于哪种情绪类型

如果给情绪分类的话，大致可分为理智型、平衡型和冲动型三大类。理智型的人情绪波动较小，“泰山崩于前而色不变”说的就是这种人；平衡型的人处于折中状态，其左边是“意气用事”，右边是“稳如泰山”，他们正好处在不偏不倚的位置上；冲动型的人极易受情绪的支配，动辄脸红脖子粗，“冲动是魔鬼”就是用来告诫这类人的。要想改善自己的情绪，首先必须了解自己的情绪类型。下面这个小测试，可以帮助你了解自己的情绪类型。

从下面选项中选出一个答案，每道题只能选择一项，把各项得分加起来，最后得到一个总分。对照后面的分数范围，找到自己的情绪类型。

1. 你对恐怖片的态度如何：

A. 不能忍受（1 分）B. 喜欢（2 分）C. 害怕（3 分）

2. 当你无聊的时候，你更喜欢读哪一类书：

A. 史书、传记（1 分）B. 通俗小说（2 分）C. 科幻小说（3 分）

3. 如果让你选择，你更愿意：

A. 独自工作（1 分）B. 和少数人一起工作（2 分）C. 同许多人一起工作（3 分）

4. 去外地时，你会：

A. 为亲人的平安祈福（1 分）B. 希望去更多的地方（2 分）C. 陶醉于自然风光（3 分）

5. 你看电影的时候会哭或觉得想哭吗：

A. 从不（1 分）B. 有时（2 分）C. 经常（3 分）

6. 以下哪种描述与你最相符：

A. 不关心他人的事（1 分）B. 关心熟人的生活（2 分）C. 关心他人的生活细节（3 分）

7. 遇到朋友时，你经常：

A. 点头问好（1 分）B. 微笑和问候（2 分）C. 拥抱他们（3 分）

8. 你想过给报纸、杂志的专栏投稿吗：

A. 从未（1 分）B. 可能想过（2 分）C. 想过（3 分）

9. 如果有陌生人向你讲述他的经历，你会：

A. 打断他，做自己的事情（1 分）B. 有点兴趣（2 分）C. 很感兴趣（3 分）

10. 当别人问及你的隐私时，你的反应如何：

A. 心平气和地说出你认为适当的话（1 分）B. 虽然不高兴，但还是勉强回答（2 分）C. 非常生气，拒绝回答（3 分）

11. 假如路上碰到一个小朋友在哭，你会怎么做：

A. 不予理睬（1 分）B. 想安慰他，但有些顾虑（2 分）C. 问他是否需要帮助（3 分）

12. 通常在什么情况下，你会送礼物给朋友：

A. 仅仅新年和生日（1 分）B. 觉得愧对或有求于他们时（2 分）C. 全凭兴趣（3 分）

13. 你的几个朋友之间发生了矛盾，你会：

A. 假装不知道（1 分）B. 觉得不开心，但无能为力（2 分）C. 尽力让他们和解（3 分）

14. 一个刚认识的人对你说了些恭维话，你会：

A. 谨慎观察对方（1 分）B. 感到窘迫（2 分）C. 爱听，并开始喜欢对方（3 分）

15. 一个好朋友因为误会要和你断交，你会：

A. 无可奈何（1 分）B. 感到伤心并积极争取（2 分）C. 短时间内感到心痛（3 分）

16. 如果家里发生了意外，上课时你会：

A. 把烦恼抛在脑后（1 分）B. 尽量保持冷静（2 分）C. 心情不好，并显露出来（3 分）

17. 一只迷路的小猫闯进你家，你会：

A. 把它扔出去（1 分）B. 尝试给它找个主人（2 分）C. 收养并照顾它（3 分）

18. 你是否因内疚或痛苦而感到后悔：

A. 从不（1 分）B. 偶尔（2 分）C. 经常（3 分）

19. 对于朋友赠送的礼物，你会：

A. 随便乱扔（1 分）B. 两年清理一次（2 分）C. 保存多年（3 分）

20. 跟一个害羞或紧张的人说话，你会：

A. 有点生气（1 分）B. 感到尴尬（2 分）C. 觉得逗他说话很有趣（3 分）

21. 以下哪种描述与你最相符：

A. 感情不重要，结果才重要（1 分）B. 很在意自己的感情（2 分）C. 总是凭感情办事（3 分）

22. 你会不会莫名其妙地感到害怕：

A. 从不（1 分）B. 偶尔（2 分）C. 经常（3 分）

测试结果分析

22 ~ 26 分：理智型情绪。很少为什么事而激动，有相当强的克制力和自制力，做事沉稳，善于依靠理性思维把握自己。

27 ~ 35 分：平衡型情绪。时而感情用事，时而非常克制。即使有冲动情绪也能及时从中摆脱出来，很少跟人争执，生活得轻松自在。

36 ~ 66 分：冲动型情绪。是个非常重感情的人，情绪化，遇事爱冲动，反应激烈，经常陷入感情纠纷中不能自拔，麻烦缠身。

别让坏情绪左右你

人生在世，难免磕磕绊绊。遇上烦心事，如果郁郁寡欢，不懂得开解自己，就会被坏情绪牵着鼻子走。这样做，不但解决不了问题，反而会导致矛盾激化。

周末晚上，妻子在厨房里洗碗。或许是因为加了一整天班，妻子那天情绪很不稳定，洗碗的声音弄得很大，好像在发泄心中的不快。丈夫见状，立刻端了杯热茶送到她面前。没想到妻子不但不领情，反而用刻薄的语气对丈夫说："少在这里跟我装好心！"丈夫听了，只好把茶端走。谁知道，妻子更来气，大声说："你会好心端茶给我喝？少惹我生气就好了。我的命真苦，早知道嫁给你这样辛苦，当初还不如单身算了！"丈夫一听也火了，跟妻子吵了起来，双方你推我搡，砸锅摔碗，弄得厨房一片狼藉。

丈夫本来一番好意，结果妻子在坏情绪的左右下，口无遮拦，最终使得矛盾升级，闹到不可开交的程度。生活中，引发冲突的原因有很多，尤其以这种带着情绪说话最为普遍。情绪是会传染的，一旦一方有情绪，双方都容易被情绪左右，进而失去理智。

一个小案例，折射出坏情绪的负面影响。它不但会让你意志消沉，对生活丧失希望，还会遮住你的眼睛，让你看不到自己的优势、天赋，乃至你拥有的一切正面的东西。坏情绪会让你不停地抱怨、诅咒，最终滑向痛苦的深渊。它就像魔鬼一样，如果不能及时摆脱，就会左右你的大脑，唆使你去做不理智的事情，到头来让你吃尽苦头。俗话说，人生不如意十有八九，虽然我们不能控制人生，但我们可以控制情绪。

那么，怎样做才能避免情绪失控呢？以下方法值得借鉴。

①合理发泄。心情不好，不能总憋在心里，否则时间久了，身心都会感到很疲惫。从心理学的角度来看，一味地压抑自己的情绪是人心理变态

的根源，同时这往往也是驱使人产生破坏性行为的罪魁祸首。正确的做法是，通过合理的方式，将负面情绪宣泄出来。宣泄的方式有很多，例如我们下面将要讲到的倾诉。此外，还有大声喊叫、哭泣、剧烈运动等。

②选择倾诉。倾诉是人类的天性，当你遇到不愉快的事情时，不要把不良情绪压抑在内心，而应该学会倾诉。每个人身边都有几个知心朋友，找朋友们聚一聚，喝喝茶，把消极情绪倾诉出来，你会发现说完后倍感轻松。除此之外，你也可以通过写信、写日记等方式，把自己的情绪倾诉到纸上，让它永远尘封在记忆里。

③学会转移。在发生情绪反应时，大脑中有一个较强的兴奋点。此时，如果另外建立一个或几个新的兴奋点，便可抵消或冲淡原来的兴奋点。因此，当你情绪不佳时，可以有意识地做点其他事情来分散注意力，使情绪得到缓解。听音乐、旅行、散步都是不错的选择。

④积极暗示。心理暗示是指人接受外界或他人的愿望、观念、情绪、判断、态度影响的心理特点。当你想象快乐的事情时，你的大脑让你处在一种快乐的状态；当你想象痛苦的事情时，痛苦的情绪会随之而来。所以，要想心情好，不妨给自己积极的心理暗示。例如，你可以用日记来肯定自己，为自己加油喝彩，每天保持积极向上的精神状态。

有情绪不用怕，只要合理释放，就能保持健康的心理状态。怕的是坏情绪如同烈火一样顷刻间蹿至头顶，变成愤怒，失去理智，不分青红皂白地唆使人实施暴力、摔打东西。尽管这也是一种情绪宣泄方式，但很容易造成严重后果。此外，类似暴饮暴食、饮酒无度等，都属于不健康的宣泄方式，要尽量避免。

都说冲动是魔鬼，坏情绪极具破坏性，很容易让人做出令人悔恨交加的事情。要想拥有一种健康、快乐的生活，就必须远离情绪失控，做一个不被坏情绪左右的智者。

76% 的疾病都与情绪有关

坏情绪不但会让人失去理智，做出傻事，还会对人们的身心造成严重损害。有句话叫“病由心生”，此话一点不假。消极的情绪会诱使人体生病，也能使病情恶化。

有位女画家，多年来致力于绘画，却鲜有杰作，常常感觉压力很大，郁郁寡欢，吃饭不香，睡觉不甜，她甚至发现自己患上了手抖的毛病，尤其是当她特别想画好某一笔时，手就抖得特别厉害。时间一长，她还感到胃疼，到医院一检查，竟然得了胃炎。

其实，这并不奇怪，肠胃被认为是最能表达情绪的器官，稍许的情绪波动都会引起肠胃不适。很多人都有这样的经历：每当遇到紧张、焦虑的状况，就会胃疼或腹泻。

根据美国医生约翰·辛德勒的研究，76% 的疾病都跟情绪有着直接或间接的关系。一个人长期处于压抑或不满的情绪中，如抑郁、悲伤、恐惧、愤怒等，很容易诱发癌症、高血压、糖尿病、心脏病、心血管疾病，以及其他一些胃肠性疾病，严重的甚至会危及生命。

英国著名生理学家约翰·亨特就是个脾气暴躁的家伙，更糟糕的是，他还患有严重的心脏病。他经常跟别人开玩笑说：“如果谁想杀我，只要激怒我就可以了。”有好几次，他的妻子就是因为激怒他而差点把他送到上帝那里去。当然，亨特的妻子并不想激怒丈夫，也从来没有杀害他的念头。不过，愤怒最终还是葬送了他的性命。在一次学术会议上，亨特跟其他学者就某个问题展开了激烈讨论，由于与他人意见不合，他非常愤怒，最后在激烈的争吵声中昏倒在地。当人们把他送到医院时，亨特已经没了呼吸，他死于冠状动脉栓塞。

类似的案例数不胜数。在中国，《三国演义》中诸葛亮三气周瑜的故事可谓家喻户晓。大都督周瑜本是能文能武的儒将，才华出众，只可惜气量太小，见不得比自己能力强的人，而诸葛亮偏偏就是那个略胜他一筹的人。在几次三番输给诸葛亮之后，周瑜气不过，一命呜呼。临终前还感慨道：“既生瑜，何生亮！”所以说，他的死怨不得别人，是他的小心眼葬送了自己的生命。

此外，还有《红楼梦》里的林黛玉。虽得了肺痨，但真正要她命的却是长期郁积在心中的气，她心眼小，爱生气，动不动以泪洗面，总是被负面情绪笼罩，如果她能豁达点，看开一些，像薛宝钗那样精于世故，也许会活得更久，说不定还能获得自己向往的爱情。

《黄帝内经》是我国最早的医学典籍，里面有这样一种观点：“百病皆生于气。”不仅如此，它还指出不同情绪对身体的伤害，例如怒伤肝、忧伤肺、思伤脾、恐伤肾。现代医学也证明，人在生气的时候，会出现剧烈的生理反应，同时分泌很多的毒素，直接影响我们的身体状况。所以，爱生气的人身体往往不健康，很难长寿。

一个人如果长期受负面情绪控制，他的身体机能会发生不同程度的故障。一个病人如果不能排除负面情绪的干扰，就会影响身体的康复。相反，一个具有正面情绪的人即使得了重大疾病，如果能保持积极乐观的心态，也能够战胜病魔，取得医学上的奇迹。

现代医学表明，一个心情舒畅的人，其中枢神经系统往往处于最佳状态，内脏和内分泌活动会在中枢神经系统的调节下处于平衡状态，保持机体的协调有力，使人充满活力。

所以，生活中要想不生病，就要保持心情乐观，不要被焦虑、愤怒、悲伤等情绪缠住不放，要学会自我调节，掌控自己的情绪，让积极、乐观的情绪充当我们身体的健康卫士。

如何管理自己的情绪

冲动是一种极具破坏性的情绪，其负面影响超乎我们的想象。西方有句谚语：上帝欲使人灭亡，必先使其疯狂。一个人无论多么优秀，在冲动的时候，都很难作出正确的抉择。

夏日的夜晚，一场重要的台球冠军赛在郊区小镇拉开序幕。其中一位球坛新星一路遥遥领先，他只要再得几分，这场比赛就将宣告结束。

然而，接下来发生的一件小事却戏剧性地改变了比赛：在寂静的比赛大厅内，飞来一只苍蝇，它绕着球台盘旋了一会儿，然后落在了主球上。起初，这位选手并没有在意，他挥手赶走了苍蝇，俯身准备击球。可是，当他的球杆再次对准主球时，那只可恶的苍蝇又飞回来落在了主球上。几番纠缠下来，他终于失去了理智，愤怒地用球杆击打苍蝇，一不小心球杆碰到了主球，丧失了一轮进攻机会。

此后，他在愤怒和焦躁情绪的影响下，连连失利，将原本已经到手的冠军头衔拱手让给了对方，最终沮丧地离开了赛场。第二天，有人在河里发现他的尸体。他投河自杀了！

一只小小的苍蝇击败了一个炙手可热的球坛新星！这样的故事不但令人扼腕长叹，更令人深思。其实，真正击败他的不是苍蝇，而是他崩溃的情绪。

在著名的软糖实验中，实验人员将一群 4 岁大的儿童带进空荡荡的房间，只在一张桌子的显眼位置放了一盒软糖。实验人员告诉他们，在走出房间前可以吃掉一颗软糖，但如果能坚持在走出房间前不吃软糖，就能再得到一颗软糖。结果，当然是两种情况都有。

实验人员把坚持下来获得第二颗糖的孩子归为一组，没有坚持下来只吃一颗糖的孩子归为一组，并对两组孩子进行了长达 14 年的跟踪研究。结果发现，那些坚持不吃糖的孩子在学习、品质、操守等方面的表现，均优于未能抵挡住诱惑的孩子。

软糖实验告诉我们，一个人对情绪的控制能力，在很大程度上决定了他未来的人生。有的人之所以成功，是因为他们能够控制自己的情绪，激活自身的潜能；有的人之所以碌碌无为，是因为他们放纵情绪，甘愿被情绪支配，甚至做它的奴隶，最终深陷其中不能自拔。

因此，在工作和生活中，我们应该如何管理自己的情绪呢？

首先，要认清自己的情绪。每天我们都会面对各种不同的情绪，当负面情绪出现时，不要压抑自己，否则很可能带来不良的后果。有情绪时，要体察自己的情绪，了解自己的感受如何，这样才能进一步把握情绪，为自己的情绪负责，而不是被情绪左右。

即使是最善于伪装的人，也会在脸部的微表情中暴露出自己的真实情绪。所以，要弄清自己的情绪状态并不难，只要照照镜子，观察一下自己的脸色，就可略知一二。

其次，适当表达自己的情绪。例如，与朋友聚会时，大胆拒绝你不赞成的提议，不用感到为难，否则不但会影响自己的情绪，还会影响大家的情绪。当然，拒绝别人说得容易做起来难。亚里士多德曾经说过：“任何人都会生气，这没什么难的，但要能适时适所，以适当方式对适当的对象恰如其分地生气，可就难上加难了。”因此，如何适当表达自己的情绪是一门艺术，必须用心体会和揣摩，关键是能够真正运用到实际生活中。

小丽和阿峰是一对恋人，他们总是在周末的晚上约会。有一天，小丽在咖啡厅里等了阿峰 3 个钟头，打电话他也不接，小丽急坏了，抽身准备离开时，阿峰来了。小丽气不打一处来，正想冲阿峰大嚷：“你怎么现在才来？知不知道我等了你几个钟头？你这么不守信用，我们之间还有什么可交往的，算了，我们分手吧！”话到嘴边，她突然改变了注意，用另外一种方式表达了自己的不满情绪：“你怎么现在才来？打电话也不接，我还以为你路上出了什么事！”阿峰一脸歉意，解释说因为来得匆忙，手机落在家里，路上又遇到堵车，所以才来迟了，为了表示歉意，他还买了小丽最喜欢的一款项链。最后，两人皆大欢喜。

约会迟到有诸多种可能。如果小丽一上来就不分青红皂白，一通臭骂，本来就为堵车闹心的阿峰听到后，很可能会变得情绪激动，与小丽大吵一架，弄得双方不欢而散。好在聪明的小丽及时控制住情绪，并以适当的方式表达出来，最终避免了一场冲突。

最后，以适宜的方式释放情绪。很多人都有自己释放情绪的方法，有的人会选择一个人大哭一场，有的人会选择向别人倾诉，也有的人会选择运动、听音乐或做自己感兴趣的事情。需要指出的是，释放情绪是为了让自己摆脱情绪的控制，使自己平静下来，而不是为了逃避现实、逃避痛苦。所以，当你心情不好的时候，要勇敢面对，仔细想想：自己为什么会这么难过、生气？我要怎样做，才不会重蹈覆辙？怎样做才能避免不开心？

释放潜意识的伤痛

在我们的一生中，总会遇到几件令人刻骨铭心的事情，这些事情深藏在我们心底的某个角落，它让我们感到痛苦、难受。尽管我们不愿向人提及，但它不会从脑海里消失，一旦有机会，这些伤心事就会涌上心头，像放电影一样在我们眼前闪现，再次给我们的心灵造成创伤。这就是心理学上所说的潜意识的伤痛。这些痛苦的记忆会保存在潜意识中，潜移默化地影响我们的生活和工作，并且总是按照一种相同的模式发生很多事件。

有这样一个寓言故事：

小猫杰瑞和小狗约翰都不喜欢影子，它们想方设法摆脱它。可是，不管它们走到哪儿，只要阳光一出现，它们就能看到影子，这令它们非常懊恼。最后，它们找到了自认为很好的方法，即有阳光时，杰瑞永远闭着眼睛，而约翰则永远待在其他东西的阴影里。

影子对于小猫杰瑞和小狗约翰来说，是一个痛苦的体验，这个痛苦的体验让它们的心灵备受折磨，久而久之，就变成了一种心理负担。

人也一样，痛苦的体验很容易造成心理障碍，这种心理障碍影响深远，它会持续产生作用。为了摆脱它，人们唯一能做的似乎就是将它遗忘，但由于这种痛苦的体验太深，要想彻底遗忘几乎不可能，它只是暂时被压抑到潜意识中去了。

即使被压抑到潜意识中，它仍然会对我们的思想、行为产生潜移默化的作用，使我们不由自主地感到痛苦。通常，我们很难抑制这种潜意识的作用，唯一能做的就是尽量逃避，把这种伤痛压抑到潜意识中去。但时间一久，这种伤痛就会变成潜意识的伤痛，虽然看不见、摸不着，却无时无刻不对我们的身心健康造成不良影响。

最终，人们只有两种解决办法：一是像小猫杰瑞一样逃避现实，装作看不见，活在自己为自己制造的虚假世界中；二是像小狗约翰一样，既然无力摆脱这种痛苦，干脆彻底活在痛苦中，使自己的生活变得越来越糟糕，以此来掩盖掉原先的痛苦。

不论是杰瑞的方法还是约翰的方法，显然都不可取。因为伤痛依旧在摧残它们的心灵，只要这种潜意识的伤痛一天不除，它们就永远无法摆脱消极情绪的影响。

那么，如何才能释放潜意识的伤痛呢？答案是直面伤痛，允许伤痛的存在。只要做到这一点，基本上就算释放了一大部分。人们在不愿面对、不愿接受的既定事实面前，会不自觉地选择隐藏伤痛、压抑伤痛，殊不知，这样做反而加深了伤痛的记忆。

朱莉记事那年，与父母一同开车出去玩，结果在回来的路上遭遇车祸，她亲眼目睹了自己的父母双双惨死在车内。这起事件给朱莉造成极大的创伤，以致她始终不愿接受父母已经离世的现实。后来，在很长一段时间里，她老是做噩梦，即使长大后，见到大货车，还是会不自觉地感到恐惧，她不知道自己为什么会害怕大货车。事实上，当年就是这种大货车夺去了她父母的生命。在她的潜意识里，留下了一道深深的伤疤，她却不自知。

很多经历过生离死别的人，都有朱莉这样的体验。他们不愿面对痛苦，强迫自己不去想那些伤心的事情。然而，越是这样，他们就越无法摆脱伤痛的折磨。其实，只要他们能够坦然面对现实，把潜意识的伤痛晾在太阳下，接受太阳的照射，就不会耿耿于怀，对过去的事情充满芥蒂。晾干了，看透了，就不会觉得那么重要、那么痛苦。

叶子是一个活泼开朗的女孩，她每天都过得很开心，不是因为她没有烦恼，而是她善于排解烦恼，赶走不良情绪。叶子每天早上起来，第一件事就是对着镜子里的自己大喊：“我是快乐的！”就算昨天的坏情绪还在影响她，她照样坚持这样说。

刷牙的时候，她会尽量想让自己高兴的事情，比如自己的牙多洁白、脸多光滑。她把每一件小事都想象成愉快的事情，让自己时刻保持愉悦的心情，因此她每天都过得很幸福。

幸福其实很简单，就是每天活得坦坦荡荡，有不愉快的事情，别憋在心里，学会释放潜意识的伤痛，热爱生活，懂得发现生活中美好的事物。

CHAPTER TWO

摆脱烦恼

第二章

- 你为什么事情烦恼
- 别跟自己较劲
- 不要钻牛角尖
- 你不可能让所有人满意
- 坚持但不要固执
- 锁住贪念
- 不要盲目攀比
- 知足才能常乐
- 计较是贫穷的开始
- 做真实的自己
- 五年后,这还重要吗
- 别太把自己当回事
- 人不能同时坐两把椅子
- 放下,刹那花开
- 人生没有回头路
- 99%的烦恼都不会发生

你为什么事情烦恼

你最近有没有觉得心烦意乱，常常对着电脑边打字边抱怨，或者吃不好、睡不香，心里有事却不知为何事而发愁？很多时候，我们真的不知道自己究竟在为什么事情烦恼。想了解自己内心的真实想法吗？不妨做做下面这个测试，或许能帮助你发现内心的烦恼。

想象你正乘坐一个很大的热气球环球旅行。突然，不知何故，气球开始急速下坠！假设从下面的5件东西中选择一件扔下去，就可以阻止气球下坠，你会选择哪一件？

A. 照相机

B. 大时钟

C. 放行李的大皮箱

D. 灯

E. 猪大肠刺身多条

测试结果分析

A. 照相机

照相机是用来拍照的，选择这个选项的人，会因为觉得没办法了解或掌控周围的环境而变得异常烦恼，这说明你对自己的未来有很深的忧虑。

B. 大时钟

大时钟嘀嗒嘀嗒地走动，就好像我们身体里的一个零件，按照时间规律运转。因此，可以把大时钟看作我们身体的一部分。选择此项的人，可能表示你生病了，或者你怀疑自己的健康状况出了问题，对此表示担忧。

C. 大皮箱

皮箱是用来装东西的。在潜意识里，它代表着金钱。选择丢弃大皮箱，说明你很可能正面临金钱上的问题。也许是你的收入不够日常开销，也许是分期付款正严重困扰着你。

D. 灯

灯是用来照明的，通常可以想象一家人在灯下尽享天伦之乐。选择此项的人，很可能面临家庭或者家族方面的问题，例如夫妻关系不和睦正打算离婚等。

E. 猪大肠刺身多条

猪大肠在食用前，必须清洗干净，就像脱掉身上的衣服一样，代表着你的异性情人。打开之后，要食用掉，因此也可以代表性。选择此项的人，表示正在因为异性问题而烦恼。可能是双方正处在异地恋，或者是悲伤的失恋中。

别跟自己较劲

一个人快不快乐，主要看心态。很多人都感叹人生苦短，但也有少数人在短暂的生命中活出快乐来。很多时候，并不是外部环境导致我们不开心，而是我们对自己太苛刻，总是跟自己较劲，才使自己活得很苦、很累。如果你不自寻烦恼，别人也不可能给你烦恼。

记住别人的好，忘记不愉快，改变你能改变的，接受你无力改变的，这样幸福和快乐才会永远围绕着你。生活中，千万不要跟自己较劲，要热爱生活、享受生活，让你的生活更加绚丽多彩。要做到这一点其实不难，只要放下执着就可以。

对自己不要太苛刻

力所能及的事尽力做好，心有余而力不足的事，尽人事听天命就行，不要事事要强，给自己定目标、下指令，套上沉重的枷锁。该放松的时候就放松，对自己不要太苛刻。自己跟自己较劲，无异于自己折磨自己，除了让自己受到伤害之外，不会有什么好结果。

刘菲从小就是优等生，从小学到大学，不论做什么事，她都要争第一。在别人眼中，她完美得无可挑剔。工作后，她身为老师，在教学、带班上处处争优。她早已习惯过“人上人”的生活，为了高高在上的虚名，她只有不断督促自己拼命往前，付出比别人更多的努力，几乎走火入魔。多年的压抑累积，终于使她不堪重荷病倒了，忧郁症把她送进了医院。

职场上，有很多刘菲这样的工作狂。其实，人生在世，什么功名利禄都是过眼云烟，只有健康、开心才是最重要的。千万个第一，如果没有健康作前提，那也是毫无意义的。

不要盲目攀比

常言道：人比人，气死人。身为普通人，难免因为虚荣心，与人攀比。然而，比较并不能真实反映出两者的差距，只是徒增烦恼和痛苦而已。就像下面这个例子：

吴明的妻子是个好面子的人，不管做什么，都喜欢跟人攀比。有一天，她对吴明说："你们单位的小周，职位跟你差不多，我们不能落在后面。你知道他家最近新添什么了吗？"

"他家新换了一套家具。"吴明答道。

"那我们也要换套新家具。"妻子说。

"他最近买了一辆新车。"吴明补充道。

"你也赶紧买一辆啊！"妻子又说。

"小周最近还……算了！我不想说了。"吴明欲言又止。

"干吗不说？怕比不过人家？快说！"妻子马上追问道。

"小周最近换了一个年轻漂亮的老婆。"吴明小声对妻子说道。

"那你也……"妻子顿时无语了。

因为盲目攀比，结果引火烧身。如果故事中的吴明跟他妻子一样爱攀比的话，她岂不是要因为攀比，吞下失去家庭的苦果？人生在世，各有各的幸福，犯不着羡慕嫉妒恨。

顺其自然，以平常心对待

生活中，很多事情没办好，不是因为我们能力不行，而是自己的愿望不切实际。我们要相信自己的实力，但这并不意味着我们要强迫自己去做一些力所不能及的事情。世间万物都有个限度，超过这个限度，很多事情就会变得极其荒谬。因此，遇事顺其自然就好。

三伏天，禅院里的草地枯黄了一大片。

"快撒点草籽吧，好难看啊！"小和尚说。

"等天凉了。"师父挥挥手说，"随时！"

中秋节过后，师父把一包草籽交给小和尚，让他去播种。

起风了，草籽飞得满天都是。

“不好，种子都被风吹走了。”小和尚大声喊道。

“没事，吹走的大多是空的，撒下去也发不了芽。”师父说，“随性!”

种子撒完后，很快飞来几只小鸟啄食。

“不得了了，种子被鸟吃了!”小和尚急得直跺脚。

“没事，种子多，吃不完!”师父说，“随遇!”

半夜下了一场雨。次日清晨，小和尚冲进禅房，喊道：“不好了，种子被雨冲走了!”

“冲到哪儿，就在哪儿发芽!”师父说，“随缘!”

一周后，原本光秃秃的地面，长出了许多青翠的草苗。那些没有播过种的地方，也泛着绿意。小和尚高兴得直拍手。师父点点头：“随喜!”

面对诸多变故，老和尚之所以能保持淡定，就在于他有一颗平常心。人的一生有很多目标，有的能达到，有的可能永远达不到。正因为如此，芸芸众生中有成功的人，就有失败的人。大诗人范仲淹早在近1000年前就告诫我们：不以物喜，不以己悲。没有永远的成功，也不存在永远的失败，面对不如意，顺其自然是最好，也是最健康的一种生活态度。

不要钻牛角尖

有的人脾气很倔，凡是自己认准的事情，一往无前向前冲，九头牛都拉不回来。这种牛脾气在遇到困难，甚至遭遇命运不公时，常常能帮助我们保持乐观的情绪。但是，人可以有牛脾气，却不能钻牛角尖。如果把坚持变成固执，无论别人怎样劝说，分析利弊，都听不进去，依旧我行我素、一意孤行，那么，无论对别人还是对自己，都是一种伤害。

老赵是一所中学的校长，去年底刚退休。按理说，这个年龄正是享清福的时候，但他最近却变得郁郁寡欢。退休前，老赵经常和年轻老师打球，日子过得很悠闲。退休后，他偶尔会回学校看看，到处走走，每天过得很充实。可到了春节，老赵一下子像变了个人，因为今年没有人给他送礼，往年很热闹的家今年变得门庭冷落。老赵一时接受不了这样的落差，情绪变得低落，整天把自己闷在家里。

节后，老赵开始睡不着觉，孩子们给他买了安眠药，他也不吃，偷偷藏起来。直到前两天，老伴发现时，他已经藏了二三十粒，说是准备留着以后自杀的时候用。

生活中，像老赵这样因为不适应变化，最终钻牛角尖的人很多。他们做事一根筋，但凡有点不如意，就想不开，对生活、工作产生抵触情绪。

爱钻牛角尖的人，通常有很强的逆反心理。有时候，他们明知道自己的论据不足，但为了维护自尊心，往往固执己见，坚持错误的观点，把别人善意的劝说、告诫和批评当成是对自己自尊心的侮辱和伤害，并在口头和行动上做出对抗的姿态。他们不管在什么场合，都喜欢表现出与众不同，好像要专门与人作对，别人说东他偏说西，别人说阴天要下雨，他偏说今天晴空万里，别人说做人要谨言慎行，他偏说“撑死胆大的，饿死胆小的”。

这种人很不受人待见，他们只关注自己，完全不考虑他人的感受，常常给人以不尊重人的印象。在现代社会中，人们相处的前提是相互尊重和理解，在此基础上才能和睦相处、合作共事。如果连这一点也做不到，人们必定会敬而远之，让你成为孤家寡人。

有趣的是，德国科学家通过研究发现，爱钻牛角尖的性格可能与基因变异有关。且不论这种观点是否正确，爱钻牛角尖都不是一种好习惯。那么，如何才能避免钻牛角尖呢？

首先，换个角度看问题。爱钻牛角尖的人容易受思维定式的影响，把自己的经验或想法当成依据，只考虑事物的某一个方面，认准了就不再更改。在郑人买履的典故里，郑人明明可以用自己的脚来试穿鞋子，却偏偏迷信自己的尺子和纸上记录的尺码数字。这说明他考虑问题的角度太死板，不知道变通。其实，只要换个角度看问题就不会如此认死理。

再比如，有个熟人向你走来，你跟他打招呼，他却不理不睬。如果钻牛角尖，你就会想：他为什么不理我？我哪里得罪他了？一旦陷入这样的怪圈，你就会变得郁郁寡欢，一整天都不高兴。其实，只要换个角度想一想：他不是近视眼吗？可能今天刚好没戴隐形眼镜。或者他遇到了麻烦，满脑子都在想这些事，所以没看到你。这样想，不就释怀了。

其次，培养多元化的思维。人一旦钻牛角尖，就容易一条道走到黑。这时，不妨朝相反的方向试试。这需要我们培养多元化的思维。西方有句谚语：上帝为你关闭一扇门，就一定会为你打开一扇窗。认死理，不到南墙不回头，只会让自己撞得头破血流，别无益处。

培养多元化思维，需要我们走出去，行万里路，开阔眼界，增长见闻，同时还要博览群书，提高自己多角度看问题的能力。平时也可多做些智力题，培养自己的发散思维，例如脑筋急转弯，这些题目有助于我们拆掉思维里的墙，培养自己灵活解决问题的能力。

古人云：穷则变，变则通。人类是因为善于变通，才得以在地球上称雄的。记住，牛角尖不好钻，只有善于变通的人，才能活出更精彩的人生。

你不可能让所有人满意

同一件事情，不同的人站在不同的立场，会有不同的看法。因此，无论你怎样做，都不可能让所有的人满意，即使你竭尽全力去做，还是会有让别人抱怨的地方。

从前有一位画家，想画一幅人人看了都会喜欢的画。经过几个月的昼夜奋战，他把画好的画拿到市场上去展示，在画的旁边放了一支笔，并附上这样的说明：朋友，如果你觉得这幅画有欠妥的地方，请不吝赐教，并在画中做出标记。

晚上，画家来取画时，却发现整幅画已经涂满了记号，几乎每一笔都有人不满意。

每个人都希望得到肯定和赞美，这本无可厚非。但是别忘了，人生在世不是为了接受鲜花、掌声和赞誉之词，虽然这些东西能够激励我们，让我们充满力量，但生活并不像我们想象的那样简单，你觉得付出了就应该得到回报，做了好事就应该受到表彰，很多时候并不是这样的。有些事情在你看来是对的，在别人眼里却是不对的。

即使你造福天下、功成名就，依然有不同的声音反对你。你获得了诺贝尔文学奖，有人会质疑你哗众取宠；你做出一道天下无双的美食，有人会指责菜肴的颜色不够鲜亮；你成为拥有至高权力、受万人敬仰的总统，有人会抡起臭鞋子砸向你。羊羹虽美，众口难调，就算你使出浑身解数，也不能赢得所用人的喝彩。

其实，嘴巴长在别人脸上，满不满意我们都控制不了，千万不要因此影响到我们做事的态度。一个人做事要有主见，把这些东西看得太重，不但颠倒了主次，还会给你带来无尽的烦恼，使你无心做事，或者偏离原来的方向，成为哗众取宠的小丑。

曾经有个小女孩，为了满足母亲的心愿，在毫无兴趣的情况下，逼迫自己练琴，拿奖拿到手软。母亲去世后，她毫不犹豫地把那台很有纪念意义的钢琴扔掉了。因为她从来没有真正喜欢过钢琴，即便自己在钢琴上取得了优越的成绩，她骨子里仍然不喜欢，甚至讨厌钢琴，她之所以练琴，完全是为了让母亲满意。可是现在，她只要一听到钢琴声，就浑身发抖。练琴曾经是她的一个噩梦，她的童年就是在这个噩梦中艰难度过的，她从来没感受到快乐。

为了让母亲满意，放弃自己的快乐，这是多么大的代价！当然，有时候，在自己意志薄弱或信心不足的时候，需要别人的赞赏来激励自己前行。在这种情况下，让别人满意就显得很重要。这个时候，我们该怎么办呢？接着开篇的故事讲下去，你就明白了。

在遭到众人的质疑后，画家想了想，决定换另外一种方式再试试。于是，他临摹了一张同样的画，依旧拿到那个市场上展出。这一次，他要求观赏者在自己认为最好的地方做出记号。结果令人惊讶，那些曾经被指责的地方，都变成了赞美的标记！

最后，画家不无感慨地说："我现在才明白，无论自己做什么，只要有一部分人满意就行了。因为有的人认为是丑的东西，在别人看来却是美的。"

是的，只要有一部分人满意，就说明你所做的事情还是有意义的，这样想既是对自我的激励，也可以让自己时刻保持乐观的情绪。记住，你不可能让所有的人满意，最好的办法是常怀一颗平常心，让自己感到快乐、满意，这才是最重要的。

坚持但不要固执

坚持和固执都有执着的意思，但两者在方向上有本质的区别，坚持的前提是方向正确，有锲而不舍的精神，这是事业成功的关键。可是如果方向错了，还一根筋地坚持下去，势必会南辕北辙，与真理背道而驰，离成功越来越远，这种坚持就叫固执。

坚持是一种美德，体现了一个人的毅力和品质。一个有坚持的人，心中有明确的目标，这些目标经过深思熟虑，具有可行性。为了实现这些目标，他们咬定青山不放松，哪怕千磨万击也绝不言弃。而固执是一种偏见，是不见棺材不落泪的盲目自信，一个固执己见的人往往见识短浅，如同井底之蛙，故步自封，不懂得变通。

正确的坚持，能够指引人一步步迈向成功；而错误的固执，只会让人陷入痛苦的泥沼。

有个年轻人去微软应聘。该公司并没有刊登招聘广告，所以人事部经理有点纳闷，年轻人忙用不太流利的英语解释说，自己碰巧路过这里，就进来了。经理觉得很新鲜，就破例让他试一试。结果，年轻人的表现很糟糕。他解释说，自己事先没做好准备。经理认为他不过是为自己找个台阶下，便随口说道："那就等你准备好了再来试吧。"

一个星期后，年轻人再次来到微软。但他依然没有成功，不过与第一次相比，这次的表现好了很多。经理的回答跟上次一样："等你准备好了再来试。"就这样，这个年轻人前后来了5次，最终被公司录用，并成为重点培养的对象。

年轻人因为坚持自己认为对的事情，最终如愿以偿，获得了微软的青睐。但这并不意味着，只要坚持就一定能获得满意的结果。生活中，有太多的人一开始就选错了方向，却固执己见，不听人劝，结果路越走越窄，最后陷入了死胡同。

两只青蛙，一只住在深水池，一只住在浅水沟，中间仅一路之隔。深水池的青蛙常常告诫它的朋友："你那里太危险了，不如搬来跟我一起住，我这里既安全，食物又充足。"但浅水沟的青蛙拒绝了，它说："我在这里住得挺好的，不像你说的那样差。"几天后，一辆载着货物的马车穿过浅水沟，沟里的青蛙被压在车轮下，一命呜呼。

可怜的青蛙，如果当初听从池里青蛙的建议，及时搬家，而不是固执己见，或许就不会命丧黄泉。这虽然是个寓言故事，但在生活中，像浅水沟的青蛙那样固执的人并不少见，他们因为固执造成朋友失和、恋人分手、夫妻离异、父子反目。从心理学上讲，这是一种偏执型人格障碍，其特点是敏感多疑。现代医学研究表明，固执的人不但有人格障碍，还会引起神经系统和内分泌系统的紊乱，进而影响到人体正常的生理代谢，导致人体免疫能力下降，易患多种疾病，例如神经官能症、消化道溃疡、高血压、冠心病等，使人早衰，寿命缩短。

人生最大的遗憾，莫过于固执地坚持不该坚持的，轻易放弃不该放弃的。所以，生活中我们要坚持但不能固执。这首先要求我们分清坚持和固执，一方面不要因为他人的错误劝解而放弃自己的目标，另一方面也不要因为对方的善意且正确的规劝而固执己见。

锁住贪念

生活中，到处充满了诱惑。太多时候，我们被名利、金钱、物质迷惑，整天想着升更高的职位、赚更多的钱、住更大的房子、开更豪华的车……为了满足这些欲望，我们每天疲于应对，几乎连吃饭、睡觉的时间都没有。一旦欲望无法满足，我们就会感到焦躁、不安，内心承受很大的压力，以致有时候不禁感慨人活着真累。

佛家早就看出来，人类不快乐的原因在于贪欲得不到满足，期望得不到实现。欲望一旦产生，再大的胃口都无法填满，结果只会带给我们无穷无尽的烦恼。

小山次郎是一个地道的农夫，常年在自己的土地上辛勤耕耘，日出而作，日落而息，虽然生活过得并不富裕，倒也和和美美。有一天晚上，他梦见自己挖到10锭金子，之后在笑声中醒来，并没有把这个梦放在心上。

令人意想不到的是，第二天，小山次郎在耕地时，竟然真的挖到了5锭金子。全家人都兴奋不已，唯独他闷闷不乐，整天心事重重。家人问他为什么有了钱反而不高兴？小山次郎回答说："我整天都在绞尽脑汁思考：另外5锭金子去哪儿了？"

幸运地得到金子，却没有得到幸福，反而失去了生活的快乐，这对小山次郎来说，不知道是该欢喜还是该悲哀？列夫·托尔斯泰曾说过：欲望越小，人生就越幸福。得到固然值得庆幸，但如果因此而使我们欲望不断膨胀，那好事恐怕就要变坏事了。

古往今来，不知道有多少人因为贪婪而身败名裂，有的甚至招来杀身之祸。贪财的和珅藏匿的财产相等于清政府15年收入，最终难逃被抄家赐死的命运；贪势的魏忠贤，权倾朝野，把皇帝踩在脚下，最后也落得个自杀身亡、曝尸荒野的结局。

名和利固然是好东西，但凡事总有个度，把握不好这个度，就会陷入无止境的欲望中无法自拔，最终反受其害。只有当你失去的时候，你才知道这些东西有多么累赘。

一位著名影星因为演出时突然心力衰竭，被送到医院。由于他的病起因于肥胖，尽管医生尽力抢救，还是没能挽回他的生命。临终前，该影星喃喃自语道："你的身躯很庞大，但你的生命需要的仅仅是一颗心脏！"

作为一名胸外科专家，医院院长被这句话深深打动，决定将它刻在医院的大楼上。

半个世纪后，一位石油大亨因过度劳累患上心力衰竭，也住进了这家医院。一个月后，他幸运地康复了。但出院后，他没有继续石油生意，而是变卖掉自己的公司，住到了乡下别墅里，安享晚年。

在医院的百年庆典上，有记者问石油大亨："你当初为什么要卖掉自己的公司？"石油大亨指着楼上的那句话说："是它提醒了我。"后来，石油大亨在自传中写道："富裕和肥胖没什么两样，都不过是获得了超过自己需要的东西罢了。"

石油大亨是幸运的，他能够及时醒悟，领悟到人生的真谛。与之相比，我们有太多人执迷不悟，因为追求名利，丧失了做人的独立和尊严！脂肪多了会压迫心脏，名利多了同样会拖累人的心灵。总有一天你会发现，在你追求名利的同时，却失去了世间最宝贵的东西。

据说上帝在创造蜈蚣时，并没有为它造腿，但它爬得跟蛇一样快。有一天，蜈蚣看到羚羊、梅花鹿和其他有腿的动物都比自己跑得快，心里很不高兴，便嫉妒地说："哼，你们腿多，当然跑得快！"于是，它向上帝祷告："上帝啊，让我拥有比其他动物更多的腿吧！"

上帝满足了蜈蚣的愿望，放了很多腿在蜈蚣面前，任凭它取用。蜈蚣迫不及待地拿起这些腿，一只一只往身上贴，从头贴到尾，直到没地方可贴了，才不情愿地住手。

蜈蚣心满意足地看着浑身是腿的自己，心中窃喜："这下我可以像箭一样飞出去了！"然而，当它迈开腿往前冲的时候，才发现自己根本无法控制它们。这些腿各走各的，完全不在一个步调，蜈蚣费了好大劲儿，才避免它们相互碰撞。这样一来，它比以前走得更慢了。

贪婪的蜈蚣，光想着走得更快，为自己添加了不必要的腿，最终却因为无法掌控，反倒成了累赘。这真是很多人的鲜活写照。这些人整天追求多余的财富，却不知人生的幸福，不在于富足，而在于满足。人的欲望是无止境的，而生命却是有限的，以有限的生命去追求无尽的欲望，又怎么能得到满足？放下贪欲，追求简单的生活，才能获得真正的幸福。

不要盲目攀比

攀比之心，人皆有之。从心理学上讲，攀比是人类的一种本能，人们通过比较来确定自身的价值。但是，同什么人比、比什么、怎么比，却有很多的学问。有的人通过攀比，奋发向上，积极进步；有的人却因为攀比，变得争强好胜，最终导致心理不平衡，郁郁成疾。

小宋毕业后当了公务员，过着平静的生活。有一天，他接到高中同学的聚会邀请。10 多年未见，小宋带着久别重逢的喜悦前去赴会。昔日的老同学经商的经商，出国的出国，住着豪宅，开着名车，气派十足。小宋参加完聚会，整天唉声叹气，向同事述说心中的烦恼。

“这小子当年考试老挂科，凭什么现在这么有钱?”小宋抱怨道。

“咱们薪水虽然低，没法跟大款比，但也够花了。”同事安慰他。

“够花？我的工资攒一辈子也不够卖一辆奔驰。”小宋愤愤不平地说。

“我们坐办公室的，有钱也犯不着买奔驰啊。”同事看得很开。但小宋却无法释怀，终日郁郁寡欢，后来得了重病，卧床不起。

人往往就是这样，很多烦恼都是觉得不如周围的人而生出来的，其实世上本无事，庸人自扰之。每个人的先天条件、社会地位、人生遭遇各不相同，与他人相比，只会徒增烦恼。即使你通过努力最终胜出，那又怎样？一山还有一山高，总有人比你更优秀。

所以，攀比并不能带来快乐，只会让我们感到不平衡。一个人如果热衷于攀比，就会竭力追求别人有而自己没有的东西。一旦得不到，就会陷入深深的自卑中。即使得到了，也不过是满足了一时的虚荣心罢了。等别人有了更好的，又会拼命去追赶。人生如果像个陀螺一样，总是在无穷无尽的追赶中度过的话，很难说有什么快乐可言。

生活在压力山大的社会，我们每天为了衣食住行，都得拼命工作，本来就已经活得够累了，如果还整天想着跟人攀比，那不等于给自己制造更多的压力和痛苦吗？难怪有人说，攀比就像一把刺向心灵的利剑，于人于己毫无好处，伤害的只是自己的快乐和幸福。

盲目攀比不但会让我们丢掉自信，还会令我们迷失自我。生活中，每个人都有自己的生活轨道，就像每颗行星都有自己的运行轨道一样，如果硬要和别人攀比，势必会闯入别人的轨道，因为在你的轨道上你永远无法走别人的轨道。而一旦进入别人的轨道，其结果要么相互撞得头破血流，要么尾随在别人的身后。这两种情形难道就是你想要的吗？

其实，上天对每个人都是公平的，没有永远的幸运儿，也没有永远的倒霉蛋。你有你的烦恼，他有他的忧愁，同样的，你碰到这样的好运气，他也会得到那样的好机会。人跟人之间不能简单地复制，每个人在世上都是独一无二的，任何两个人之间都没有可比性。

所以，生活中遇到不开心的事情，要想着如何摆脱烦恼，让自己放轻松，而不是把别人当作攀比对象，在比较的过程中产生更深的痛苦，使自己陷入无穷无尽的烦恼中。

也许是过去穷怕了，今天的中国人尤其喜欢比富，甚至是炫富。但财富真的给我们带来幸福了吗？情况恐怕不乐观。经过 30 多年的改革开放，虽然大家的钱包都鼓起来了，但很多人的幸福感反倒不如以前。究其原因，就在于他们把金钱当作唯一的目标，这些人对金钱的欲望就像无底洞，根本无法满足，因为不满足，于是很痛苦。所以说，财富和快乐虽然有关联，但关系不大，要想得到真正的幸福，就必须获得精神层面的满足，例如亲情、友情、爱情，从这里得到的快乐能够直达人们的心灵深处，是真正有意义的快乐。

虽然在财富方面无法实现人人平等，但在快乐面前却是人人平等的。一个家有万贯之财的土豪未必比一个沿街乞讨的乞丐快乐。如果说获得财富是为了让自己快乐，那么用其他方法让自己快乐不也一样吗？人生来就是赤裸裸的，死的时候也是赤裸裸的，生不带来一件东西，死也不会带走一件东西。将任何生死之外的财物看得太重，都会影响生活的质量。

权力越大，责任也就越大；表面乐滋滋的人，内心也许苦哈哈。富人虽然很有钱，却有可能连一个清静的下午都是奢望。再富有的人，吃的也不过是那三两米，穿的不过是那五尺布，睡的不过是那两米床。你喝你的人头马，我喝我的二锅头，只要有朋友举杯痛饮，便是快乐的。你住你的别墅，我住我的出租屋，只要有心爱的人陪伴，便是幸福的。

快乐其实很简单，就是拒绝攀比，享受真正属于自己的幸福。哪怕你只是个底层的小职员，只要安贫乐道，不攀比，不丢弃进取心，生活就会越来越好，越来越快乐！

知足才能常乐

生活中，人们很少想到自己拥有什么，却总是想着自己缺什么。这往往是情绪失调的重要原因。我们羡慕别人的生活，抱怨自己的不愉快，我们不断追求物质的享受，却忘了真正的快乐是知足。佛经告诫我们：不知足者，虽富而贫；知足之人，虽贫而富。

心理诊所来了一位年轻漂亮的访客，她叫罗斯，气质优雅，拥有一份高薪工作和一个爱她的男友。在别人眼中，她是一个非常幸福、快乐的人。可她却说，自己是个不幸的人。

心理医生不明白她为什么会有这样的结论。一问才知道，她太过于追求完美，对身边的事总是很挑剔，她嫌自己的鼻子不够挺，个子不够高，她努力工作3年，却没得到升迁。她想让自己在生活中成为最有魅力的人，在工作中成为最优秀的员工。然而，事情完全不按她的愿望发展，所以她感到很苦闷。听了罗斯的话，心理医生开导她："其实，你真的已经很幸福。要知道，我们的生活注定是不完美的，正因为如此，我们才有动力去追求完美，积极地去生活。假如像你期望的那样，我们每个人都达到理想的、完美的极致，那么人生还有什么乐趣可言呢？人只有善于满足，好好地享受生活，才能得到乐趣……"

一个月后，心理医生在电话里听到罗斯欢快的声音："谢谢你，我已经重新找回幸福和快乐。没有你的开导，我恐怕深陷痛苦的泥沼。我现在终于明白，知足才能常乐。"

人之所以不快乐，是因为对自己要求太高，对生活抱有不切实际的幻想。要想快乐，就必须有一颗平常心。所谓知足者常乐，只有学会知足，我们才能心境坦然，超脱地对待眼前的一切。要知道，当我们哭泣没鞋穿时，还有人没有脚，一辈子卧床在家；当我们吃着粗茶淡饭却眼馋山珍海味时，还有很多人在忍受饥饿；当我们住在温暖的小窝却羡慕别人的大别墅时，还有无数的流浪汉在马路上饥寒交迫。有吃有喝有住，已经很幸福，为什么还不满足呢？如果有一天，你也像富人那样，吃上山珍海味，住上别墅小院，你就会满足吗？真要那样，富人就没有烦恼了，可我们知道富人并非整天无忧无虑，他们也有他们的不开心。

要做到知足常乐，就必须经常审视自己，时刻保持一种乐观豁达的心态。在知足的人眼里，世上没有跨不过去的坎儿，他们会为自己寻找合适的台阶，绝不会庸人自扰。如果拿橘子来比喻人生，一种橘子大而酸，一种橘子小而甜，一些人拿到大的会抱怨酸，拿到甜的又会抱怨小。而知足的人拿到小橘子会庆幸它是甜的，拿到酸橘子会感谢它是大的。

一个墨西哥渔夫打鱼归来，船上有好几条价值不菲的鱼。一个美国人看到了，问他抓这些鱼需要多长时间，渔夫说："一会儿工夫就可以抓到。"美国人又问："那你为什么不多抓几条？"渔夫回答："抓那么多干吗？这些已经够我们一家人吃了。"美国人问："那你其他时间用来干吗？"渔夫回答："我每天睡到天亮，出海抓几条鱼，回家后跟孩子玩耍，然后跟老婆睡个午觉，傍晚再到村里的小酒馆喝两口，跟朋友玩玩吉他，日子过得挺充实的。"

美国人听了很不以为然，他说："我是哈佛大学 MBA，我建议你每天抓更多的鱼，然后把鱼卖掉买一条大船，这样你就可以抓更多的鱼。""然后呢？"渔夫问。美国人说："卖掉鱼买更多的渔船，建一个捕鱼船队。那样，你就可以直接把鱼卖给工厂，赚更多的钱。然后你可以开一家罐头厂，自己当大老板。生活条件好了，就没必要住在这个小渔村，你可以搬到墨西哥城里，再搬到美国纽约，不断发展壮大你的公司。"渔夫问："这得花多少时间？"美国人回答："差不多 15 ~ 20 年吧。"渔夫又问："之后呢？"美国人微笑着说："之后你精心管理自己的公司，等公司的股票一上市，你就成亿万富翁啦。"渔夫又问："这之后呢？"美国人接着说："之后你就可以退休。你可以找个清净的地方，比如搬到海边的小渔村住，每天睡到天亮，出海随便捕几条鱼，跟孩子玩一玩，搂着老婆睡个午觉，傍晚再到村里的小酒馆喝两口，跟朋友玩玩吉他。"渔夫疑惑地问："我现在不就过着这种生活吗？"

故事虽短，却发人深省。同样的目标，在知足的人看来很容易就达到，而在不知足的人那里，却要花费很多的时间和精力，把自己弄得筋疲力尽，方可实现。孔子最得意的弟子颜回，家境清贫，只能吃干饭，喝白水，住贫民区，别人都无法忍受，颜回却乐在其中。

需要说明的是，知足不是安于现状，不思进取，而是一种适可而止的精神，不贪婪、不狂妄，急流勇退，在无穷的欲望和有限的资源之间达到某种平衡。这是一种很高的境界。

计较是贫穷的开始

计较是人性的缺点，它让我们失去太多宝贵的东西。一个事事喜欢计较的人，他失去的不仅仅是快乐，还有更珍贵的东西。当一个人和别人斤斤计较的时候，别人也会和他斤斤计较；当一个人和世界斤斤计较的时候，世界也会和他斤斤计较。

有人问禅师："修行需要下什么功夫吗？"禅师说："饿了就吃，困了就睡。"这人又问："一般人都是如此，师父的功夫就是这样吗？"禅师说："不一样。别人该吃的时候不好好吃，偏要百般思索；该睡的时候不安心睡，还要千般计较。所以我和他们不同。"

一个快乐的人，不是因为他拥有的多，而是因为他计较的少。台湾作家林清玄说："人要常有欢喜心，有虾摸虾，无虾洗裤，并常把福分给予别人。"然而，生活中很多人总是摸到虾，还惦记着鱼；摸到鱼，还惦记着鲨。思虑来，计较去，总是郁闷，总是不快乐。

小A和小B同时被某公司录用。初来乍到，领导常常给他们安排任务。对此，小A很有意见："凭什么让咱们干这么多活儿？欺负咱俩是新来的啊！"小B看得很开，总是默默干完领导交办的任务。有时，不属于他们的工作，领导也交给他们办。小A开始流露出不满，甚至当面顶撞领导："该我干的我自然会干好，不该我干的，很抱歉，我做不了。"小B毫无怨言，依旧默默接受了。小A逢人便说："小B胆子太小，是天生被人当牛马使唤的命。"

两年后，胆小的小B升任部门主管，而爱计较的小A仍然是普通员工。

爱计较的小A看似聪明，做什么都不想吃亏，实则是真傻。领导交办的任务，虽然完成起来很辛苦，却是提高业务水平的机会，可以让自己尽快熟悉公司流程，接触不同的人，这不但不吃亏，反而是一种福气。退一步讲，一个动不动就计较得失的人，在单位是不会有好人缘的。没有好人缘，做事又不积极，事业当然就不会有什么好的发展。

所以说，做人不要太计较。努力改变自己，试着喜欢你身边的每一个人，这样别人才会喜欢你。真正有智慧的人，有所为，有所不为，他们只计较对自己最重要的东西，并且知道什么年龄该计较什么，不该计较什么，有取有舍，才能做到收放自如。

中年入行的台湾司机周春明，最初开车很随意，只要自己高兴就好。直到有乘客对他直言不讳：“你有没有想过，台湾有15万出租车司机，任何人想入行都可以分你的饭碗?”

周春明傻了，从此决心改变自己。他开始琢磨顾客需要什么，并为他们准备水、饮料、简餐。有一次，他遇到一位被很多司机拒载的乘客，要去新竹，按正常计价来回至少要1600元，却只愿支付1300元。1300元?!周春明惊呆了，这个价格肯定是要赔钱的。

正当他犹豫不决的时候，一个声音在他心底想起：计较，是贫穷的开始。想到这里，他痛苦地答应了对方的报价。一路上，他都在盘算如何减少损失。将客人送走后，他立刻想到可以找几个人回台北。于是，他马上直奔附近的公交车站。

在那里，他争取到了两名女乘客，每人车费100元。这样他凑够了1500元，虽然还差100元，但为了不耽误两位女士的时间，他决定立刻返回台北。路上，他感到有点渴，就抽空到便利店买水喝。回来的时候，手里拿了3瓶水。原来，他为两位女士也买了1瓶。虽然他因此又损失了60元，但此举一下拉近了3个人的距离。一路上，他们聊得很开心。

到台北后，其中一位女士下了车，另一位女士要去台北大学。当她询问周春明如何收费时，周春明却笑着说：“不用打表了，就含在那100元的车费里。”

这位女士不是别人，正是周春明生命中的贵人，在一家咨询公司担任经理的黄小姐。经过这件事情后，黄小姐将公司所有从台北到新竹的业务都交给了周春明！有了这单生意，周春明的业务不断增多，如今他拥有自己的车队，被誉为台湾出租车“皇帝”。

如果当时周春明像其他司机一样，因为计较得失，拒载那位女乘客，那么，他就不可能遇到黄小姐，也就不可能获得今天的成功。所以，中国有句老话，吃亏是福。

成大事者，通常不拘小节，他们不会把目光放在某个小点上，而是放在一个大面上。斤斤计较也许会在短期内为自己挣得一星半点的利益，但从长远看只会失去更多的东西。

做真实的自己

生活中，很多人总是刻意掩饰自己，逢迎他人，以为这样才能顺应社会，使自己在残酷的职场竞争中左右逢源，在尔虞我诈的社会生活中八面玲珑，不被人欺负。仿佛只有伪装才能保护自己，只有不让别人看到真实的自己，才能立于不败之地。

殊不知，躲在面具背后，做虚伪的人，必定要付出惨痛的代价。明明自己不喜欢甚至很讨厌，偏偏要装出一副爱不释手的样子；明明不是真心想要的东西，为了讨好别人，偏偏要委屈自己接受。这种人其实是想过另外一种生活，只因为太在乎世俗的眼光才掩饰自己。

从前有一个人，家里很穷，每天只吃两个酒糟饼。因为他不善于喝酒，所以两个酒糟饼下肚，就有些醉态了。

有一天，他在路上碰上一位朋友。看他脸有醉意，朋友便问："你一大早就喝酒？"

"没有，只是在家里吃了两个酒糟饼。"他答道。

回到家，他把这事说给妻子听。妻子告诉他："以后再有人问，你就说是喝酒了，这样可以摆摆阔气，装装门面。"

这人点点头。过了几天，他照常吃完酒糟饼出门，又遇到上次那位朋友。朋友问他："喝酒了？"他想起妻子的话，就说："是的，喝了！"

"喝的是冷酒，还是烫酒？"朋友追问道。

"是烙着喝的。"这人答道。

"你吃的是酒糟饼吧！"朋友笑道。

回到家，他又把这事告诉妻子，妻子埋怨道："你真傻！你应该说是烫热了喝的。"

这人仿佛明白了，点点头说："这回我知道了！"

过了几天，他又遇到那位朋友，不等人家问，他就说："今早的酒，我是烫热了喝的！"

“那你喝了多少?”朋友问。

“两个!”他伸出两个手指头答道。

如此死要面子，真是让人忍俊不禁。本来很简单的一件事，说真话，做真实的自己就可以了，偏偏要把事情弄得很复杂，把心思全部花在如何虚构有面子的生活上，不但搞得自己很累，而且一旦被对方识破，还会尴尬至极。

俄国著名作家契诃夫说过：蚜虫吃青草，锈吃铁，虚伪吃灵魂。一个人演得太久，就会忘记脸上的面具，永远活在虚构的现实中，身心俱疲。只有做真实的自己，才能让自己放松下来，过上安静的生活，得到最多的快乐。那么，如何做真实的自己呢?

①认识自己。只有认识真实的自己，才知道自己想要怎样的生活，追求怎样的目标。每个人都有自己的人生体验，不论是顺境还是逆境，都能帮助我们认识自己。慢慢地，我们就会懂得哪些东西是真实的，哪些东西是表象的，哪些需要保留，哪些需要摒弃。只有我们认清真实的自己，才能自主地活着，追逐自由的生命。

②坚持你所坚持的东西。喜欢就大胆去追求，确定了人生的方向，就要勇于实现。道路上所有的羁绊都是磨炼自己意志的道具，坚持自己内心想要的东西，敢于对那些强加在自己身上的东西说“不”，要活得坦荡，不做作，要有浩然正气，不违背自己的良心。

③过自己想要的生活。不要强迫自己去做不愿做的事情，不要让自己太累，尤其是心里不要太累。过自由自在的生活，享受无拘无束、无忧无虑的感觉。

每个人都是自己命运的主宰。只有摘下虚伪的面具，活在真实的世界中，让自己自由呼吸，感受人世间的真情，做本真的自己，才能活得精彩，并赢得别人的尊重和喜爱。

五年后，这还重要吗

生活中，总会遇到一些不开心的事情。不能因为一天搞砸了，过得烦闷，就认为整个人生都毁了。很多时候，我们以为迈不过去的坎，过段时间回过头看，其实早就轻松跃过。

成功的人之所以会成功，是因为他们总是把成功归为过去，以一切从零开始的心态开启下一扇财富之门。快乐的人之所以快乐，是因为他们面对挫折，总是选择忘掉令自己不快和伤心的往事，以阳光普照的心态开始新的一天。

小梅和男友交往了7年，感情一直不错。然而，男友在读研时，结识了一位新女友，毕业后跟小梅提出分手。小梅无法接受这个事实，她在男友身上付出了太多的爱和精力，照顾他的生活，分担他生活中的烦恼，甚至打工为他筹集学费。她把男友当成自己的偶像，整天围着他转，可男友一句拜拜就把她之前所有的努力化为乌有，也把她对未来的憧憬撞得支离破碎。她想不开，独自一人来到出租公寓的18层顶楼，想趁着一阵清风，像羽毛一样把自己年轻的生命葬送在这块让她伤透心的土地上……

5年后，小梅和自己的丈夫再次来到那幢出租公寓的楼顶上，俯瞰街景。他们已经在对面那幢30层高的楼房里拥有了自己的房子。

“谁能想到5年后，我会这么幸福！如果不是你当初的那一番话，我早就不在人世了。”小梅感慨道。

“那天也是凑巧，我因为心情不好出来散心。当时，我看到一句话：5年后，这还重要吗？就把它说给你听，没想到却救了你一命。”小梅的丈夫笑道。

“我只是想赌一把，看看5年后，是不是真的不重要了呢。”小梅笑道。

“结果呢？”丈夫问。

“结果，真的什么都不重要了。我还要感谢那个人把我甩了，不然我怎么会遇见你这么好的人！”小梅真情流露道。

失恋是人生中最让人心痛的事情之一，每个经历失恋的人，都有过一段暗无天日，感觉天都快要塌了的时光。小梅很不幸，遇到了这样的事，然而她又是幸运的，因为失恋，她遇到了疼爱自己的丈夫。5 年后，当初让自己痛彻心扉的事情，已成过眼云烟，不再重要。

时间是最好的良药，它能治愈一切。很多时候，我们觉得天崩地陷般严重的事情，随着时间的推移，会逐渐变得微不足道。如果你考大学时，仅以一分之差与自己心仪的名校失之交臂，5 年后，当自己留学归来，那一分还重要吗？如果有一天，你把装有大量现金、银行卡和身份证的钱包丢了，你可能会在短时间内很不开心，5 年后，这还重要吗？如果家里的洗衣机坏了，孩子还要接送，一堆家务事让你焦头烂额，5 年后，这还重要吗？

时间能冲淡一切，看开一些，释然了，烦恼也就烟消云散。很多人明白这个道理，可依旧执迷于小事中无法自拔。这时，不妨试着转移注意力，做其他的事情，让自己忙碌起来，少一些念想，不让烦心的事困扰自己，使那颗烦躁的心安定下来。慢慢地，你会发现，那些烦心事在自己心中的分量会逐渐变轻、变淡。

时间像一把鸡毛掸子，轻轻一挥，就能把附着在心头的那些针头线脑般的烦恼扫得一干二净。如果你知道时间能够涤尽一切烦恼，为什么还要纠结着不放呢？烦恼的时候，不妨透支一下时间，假设自己生活在一个星期后、一个月后，或者三五年后，只需这一个念头，就会让你具备长远眼光，看淡心中的一切烦恼。

人生太短，短到来不及浪费时间去为小事纠结，恨任何一个人。如果要想快乐，那就用一句话把所有的不幸装裱起来——5 年后，这还重要吗？

别太把自己当回事

有时候，我们太在意自己，总以为自己重要，没有自己，花就不开，水就不流，地球就不能运转。因为太在意自己，我们希望被别人看得起，在别人眼里举足轻重，一旦受到冷落或忽视，就会感到很苦恼，甚至对别人一个不经意的眼神或一个随意的玩笑耿耿于怀。因为太在意自己，我们总爱拿自己跟别人比较，以己之长比人之短，然后抱怨命运不公。

其实，在人生的路上，我们只是别人眼中的一道风景。不管你有多么牛，也不过茫茫人海中的一滴水，纵使缺你一个，地球照样转，天还是那么蓝，地还是那么宽。

布思·塔金顿是20世纪美国著名小说家和剧作家，曾先后两次获得普利策奖。在他声名鹊起的时期，曾遇到过这样一件事：

有一次，他应邀参加一个关于艺术家作品展览会的宴会。宴会过程中，有两个非常可爱的女生跑过来用十分恳切的目光向他索要签名。塔金顿高兴地答应了。两个女孩非常兴奋，其中一个女孩连忙拿出事先准备好的笔记本递给他。他得意扬扬地用铅笔在上面写了几句鼓励的话，并签上自己的大名。女孩一脸期待地接过笔记本，没想到，这个女孩看到签名后却很失望，仔细辨认了一下，说："啊，原来你不是罗伯特·查波斯啊？"

"不是，"他骄傲地说，"我是布思·塔金顿，《伟大的安伯森斯》的作者，两次普利策奖获得者。"听完他的话，女孩转身看了看另一个女孩，无奈地说："玛丽，你的橡皮擦能借我用一下吗？"另一个女孩将橡皮擦递给她，然后这个女孩当着塔金顿的面把他的签名擦掉了。一向受人尊敬的塔金顿从来没有遭受过这种待遇，那一刻，他所有的骄傲和自负都化为泡影。不过，塔金顿并没有发怒，他只是微笑着目送两个女孩跑去找罗伯特·查波斯。

经过这件事，塔金顿明白了一个道理：无论自己多么出色，都别太把自己当回事。在以后的岁月里，他时刻牢记并践行这句话，而且在多个场合向别人讲述了这件事。

佛说：承认自己的伟大，就是认同自己的愚蠢。当你孤芳自赏时，天地便小了，所以永远不要把自己太当回事。一个真正成熟的人，他的胸怀应该像大海一样大，不会纠缠在失落的情绪中。相反，太把自己当回事的人，每天活在虚假的光环里，受不了半点挫折。

在短暂的人生中，我们每个人都是匆匆的过客，哪怕取得再高的成就，也只是某个领域的佼佼者，你无法在所有行业都出类拔萃，因为每个人都有自己的长处和短处，因自己具备某方面的长处而太把自己当回事，是一种非常愚蠢的表现。那些有修养的人，从来都是以普通人的心态对待一切，不骄不躁，所以才能获得人们的交口称赞，事业不断迈上新台阶。

有一次，俄国文学之父托尔斯泰路过一个车站，在月台上独自行走。这时，一位女士把他当成搬运工，让他帮自己将遗忘在候车室的行李取回来，并递给他一枚硬币做赏钱。当她得知这位“搬运工”就是大名鼎鼎的托尔斯泰时，连声道歉，并要收回赏钱。但托尔斯泰平静地说：“您没必要道歉，您并没有做错事，这个硬币是我挣来的，所以我得收下。”

伟大的人之所以伟大，就在于他们能够以平常心看待自己。像托尔斯泰这样的大文豪都不把自己当回事，何况我们这些小人物呢？珍惜自己所拥有的，甘于平淡，不作奢求，看似简单，实则很难。芸芸众生，我们只是其中一粒沙子，谁也不比谁高贵到哪里去，千万别把自己看得太重。否则，你会作茧自缚，烦恼缠身，连呼吸都会觉得疼痛。

人不能同时坐两把椅子

人的一生，处处面临选择。婴儿出生时，要选择顺产还是剖宫产；哺乳孩子，要选择母乳还是牛奶；孩子上学，要选择公立还是私立；高中分班，要选择文科还是理科；填报高考志愿，要选择本市还是外地；大学毕业，要选择考研还是就业；结婚了，要选择买房还是租房；结婚后，要选择生育还是丁克；退休养老，要选择在家还是养老院；百年以后，要选择土葬还是海葬；等等。细分起来，要选择的，远不止这些。

有选择就有痛苦，尤其在两件自己都喜欢的事情上作选择更是困难。但如果不作选择或者想把两件事都做好，就好比坐在两把椅子中间，到头来只会从椅子中间掉下去。

男高音歌唱家帕瓦罗蒂出生在一个并不富裕的家庭，父亲是面包师，母亲是雪茄厂的女工。帕瓦罗蒂天生有一副好嗓子，后来他以优异的成绩从一所师范院校毕业。当时，他完全可以当一名中学教师，这个职位在当时很吃香，而且收入稳定，是很多人羡慕的职业。但帕瓦罗蒂却想当一个歌唱家。面对理想与现实的矛盾，他犹豫不决。他希望自己既可以当中学教师又可以当歌唱家，当他把这个想法告诉父亲时，父亲严肃地说："孩子，人不能同时坐两把椅子，那样只会掉到椅子中间的地上。生活中，你必须学会放弃其中的一把椅子。"

帕瓦罗蒂听从父亲的教诲，果断放弃教师的职业，为自己选择了唱歌这把"椅子"。后来，他把所有精力都放在歌唱事业上，最终成为举世闻名的歌唱家。

多年以后，当有人问起帕瓦罗蒂的成功之道时，他只是淡淡地回答说："方法很简单，不管我们作什么选择，关键只有一个，那就是选定一把椅子就好。"

选择无法逃避，也非常重要。有时候，一个重要的选择会左右一个人的命运。所以，在作选择的时候，一定要慎重。遗憾的是，生活中很多人经常在眼前利益和长远利益面前摇摆不定，无法作出抉择。眼前利益伸手就可以够到，而长远利益是个梦想，只有通过努力才能实现，甚至可能永远都实现不了。人们常常为此纠结不已，他们不愿放弃其中任何一项。

然而，每个人的精力是有限的，不可能面面俱到，什么都想得到。只有集中精力做好其中一件事，才能获得更高的成就。如果帕瓦罗蒂当初没有听从父亲的劝告，一边当老师一边唱歌，那么他就不会成为令世人瞩目的男高音歌唱家。生活很多时候就是一道单选题，不可能让你既拥抱太阳，又拥抱月亮。懂得放弃，选择自己真正想要的椅子，你才会成功。

罗纳德·韦恩是苹果公司三位创始人之一。然而，早在苹果公司成立次年，韦恩就宣布退出公司，并卖掉自己所有的股份。当时，苹果公司的销售额仅为17.4万美元。其间，乔布斯曾多次邀请他重回公司，都被他拒绝了。

30多年后，苹果公司的市值已达3500亿美元。有人做了估算，假如当年韦恩没有卖掉股份，没有退出苹果公司，到现在，他的身价将达到350亿美元。可由于当时的选择，使他与巨富擦肩而过，成为一个普通而平凡的人。

有记者采访韦恩，问他是否因此而感到后悔时，韦恩回答说："我虽然放弃了拥有巨额财富的机会，但是却得到了无价的健康和生命。"原来，当时已步入中年的他，年龄比乔布斯大很多，体力和精力都不如后者，而乔布斯是一个工作狂，如果他继续留在那里，一定会因为超负荷的工作而身心交瘁，甚至为此搭上性命。

财富有价，而健康和生命是无价的，谁说韦恩的放弃不是正确的选择呢？大山因为放弃平坦才拥有了巍峨，蜡烛因为放弃完整的躯体才拥有了光明，人的内心因为放弃世俗的喧嚣才拥有了宁静。放弃是选择的一门艺术，只有学会放弃，才能收获更多的东西。

据说丹麦人在钓鱼时，会随身携带一把尺子，每次钓上鱼，都会用尺子量一量，如果是尺寸不够的小鱼，就会重新放生。对此，他们豁达地说："让小鱼长大不是更好吗？"面对到手的小鱼，丹麦人懂得放弃眼前的利益，作为回报，他们收获了更多的大鱼，甚至是生态可持续发展的平衡。这也许就是丹麦渔业发达的秘诀吧。

同样的，生活中我们选择放弃眼前的一时利益，既可以使内心得到平静，又可以坚持自己想要的，何乐而不为呢？下一次，当你面临选择时，不妨想一想帕瓦罗蒂的两把椅子。如果你想成功，首先要问问自己的内心，哪个才是你真正喜欢的？选择自己喜欢的那个，才更容易接近成功。一旦决定，就毅然坐上去，然后推倒另一把椅子，不要有丝毫的犹豫。

放下，刹那花开

有个年轻人爬山时，不慎跌落谷底，慌乱中抓住一根枯树枝，暂时保住了性命。为了逃生，他大声喊救命。这时，一位高僧来到悬崖边。年轻人对高僧说："求你救救我吧，我在这里吊了一整天，已经没力气了。"

"可以，不过在我救你之前，你要听我的安排，不管我说什么，你只管去做。"高僧说。

"只要能救我上来，不管你说什么，我都听你的。"年轻人说。

"那就请你把抓住树枝的手松开，这样你就可以重获新生。"高僧说。

年轻人听了高僧的话，十分恼火，心想：我要是把手松开，不就掉进万丈深渊了吗？他不但没松手，反而抓得更紧了。高僧见他没有照做，摇了摇头离开了。

其实，年轻人此时距离地面不到一米！

人生的烦恼，十之八九是因为放不下。人们总是给自己施加各种压力，让自己背负沉重的包袱，每天都活得很累。禅宗三祖僧璨大师在《信心铭》中告诫人们：智者无为，愚人自缚。智者摆脱了世俗，自然清静无为；愚人想不开，总是把自己紧紧束缚住。生活中，这样的愚人很多，他们这也放不下，那也放不下，最后身心俱疲，把自己的生活搞得一团糟。

其实，快乐的生活很简单，只要放下就能做到。当你放下时，你会发现，自己的心灵得到了解脱，你会豁然开朗，有一种拨开云雾见天日的清爽，有一种刹那花开的艳丽。

人们常说，得到的越多，烦恼也就越多。有些人对金钱、名利等外表光鲜亮丽的东西心驰神往，在不断膨胀的欲望面前迷失了自我，忘记了自身的价值。为了追求这些东西，他们鬼迷心窍，不择手段。最后，却因为放不下这些东西，丧失了自己曾经拥有的一切，包括快乐。屋子里堆满了杂物，就会显得凌乱不堪，同样的，心里堆满了心事，快乐也就没有安身之处。只有学会放下，让心态清零，你才能腾出空间来追求自己真正想要的东西。

有个人很会做生意，年纪轻轻就成了当地的富翁。但钱多了，烦恼也就随之而来。他怕别人知道他钱多，今天担心有小偷来偷他的钱，明天担心有人找他借钱。为了这事，他成天闷闷不乐，最后他背上所有的钱，出门找快乐去了。

跋山涉水几百里后，他仍然没有找到快乐，这让他更加烦恼，坐在路边的石头上不停地叹气。一位樵夫从他身边走过，看到他唉声叹气，便停下来询问。富翁向樵夫讲述了自己不快乐的原因，并请教樵夫如何才能找到快乐。樵夫听完，指着自己身上的担子说："我挑起担子时，担子压着我，我不快乐。我放下担子时，一身轻松，这时我就会很快乐。"

富翁听完后，立即明白自己不快乐的原因："是呀，每天患得患失，为了钱而烦恼，如何能快乐起来呢?"于是，他把做生意赚来的钱捐赠给穷人，做了许多善事，渐渐地，他名声越来越大，生意也越做越红火。他终于找到了快乐。

放下，就是简单生活、简单思考。过得简单不等于没有内涵，只是不给自己增累赘。而简单思考，就是摒弃心中的杂念。一个简单生活、简单思考的人，没有任何烦恼可以侵袭他。

放下，就是不把自己看得太重。人之所以烦恼，就是因为把自己当作世界的中心，凡事先替自己考虑，心里只有自己，没有别人。不把自己看得太重，有些事情就不会去计较，不会去追究，这样烦恼反而会少很多。

放下，就是不过分在意别人的看法。不要被别人的言行左右，别人怎么说、怎么做，我们管不了，每个人都有自己的想法和态度，太在意别人的言行，只会给自己增添烦恼。

一个人只有放下贪念，才能知足；放下成见，才能宽容；放下恐惧，才能心安。放下了，心里自然就平静；放下了，心里自然就畅快；放下了，一切不良情绪也就灰飞烟灭。

人生没有回头路

世间有诸多不公平，但有一样东西是绝对公平的，那就是时间。无论富贵贫贱、男女老幼，时间对任何人都不偏不倚。每个人都只有一次生命，任何人都没有从头来过的机会。换句话说，在实践辖制的范围内，人生是没有回头路的。

总是听人说："后悔死了，我干吗要那样做啊！""如果时间能够倒流，我绝不会再做那样的傻事。""我愿意减寿10年，以挽回一时疏忽犯下的过错。"可是，事情已经发生，不管你如何内疚、自责，甚至发毒誓许愿，时间都不会倒流，人生也不会重来。

子在川上曰：逝者如斯夫！时间如同奔腾的河流，一去不复返。谁都明白这个道理，既然这样，为什么不认真对待自己的人生呢？为什么做事之前不认真想想，三思而后行呢？

相传在美国，有个中年男子，妻子因难产去世，留下一个孩子。因为整天忙工作，男人无暇照顾孩子，再加上经济拮据，雇不起保姆，于是他训练了一只狗为他照看孩子。那只狗聪明而温顺，很快就成为男人的得力助手。

有一天，男人外出应酬，照例让狗帮他看孩子。当晚，由于喝得酩酊大醉，他没能赶回家。第二天早上，当他急匆匆赶回家时，眼前的一幕把他惊呆了。只见那只狗满嘴是血，屋内的地板上也是血迹斑斑。男人跑到孩子的房间，发现孩子不在床上，心想准是这狗兽性大发，把孩子吃掉了。一气之下，抄起一把菜刀，就把狗砍死了。

就在这时，男人听到了孩子的哭声，原来孩子趴在床底下睡着了。男子又惊又喜，孩子不是被狗吃了吗，那血是从哪儿来的呢？男人仔细查看房屋和狗的尸体，发现狗的后腿上掉了一大块肉。紧接着，他在后院发现了一头狼的尸体。

原来是狗保护了小主人，男人因一时冲动，误杀了这条好狗！这是多么让人心痛的一个悲剧，如果男人在杀死那只狗之前，能够多一份冷静，就不会发生这样的悲剧。可惜如果只是如果，任何假设都挽救不了小狗的性命。

人生没有第二次选择。人这一辈子，最长也只能活 100 多岁，在这么长的人生里，总有很多时候想重新作一次选择，总想着如果当初不要作某个决定，或许以后的人生会更顺利一些。可是，每个人只有一次人生，不能重复，也不能倒流，我们只能在人生的每一个阶段尽量作出相对正确的选择，让自己回想起来不会觉得特别遗憾和后悔。

退一步来讲，即使失误了，也不要烦恼，更不要为此纠结。所谓智者千虑必有一失，每个人都有失误的时候，不要苛求完美的人生。过去的就让它过去，该总结的就总结，该忘记的就忘记，人不能总是活在痛苦的记忆中，影响接下来的生活。

蛹看到美丽的蝴蝶在花丛中翩翩起舞，非常羡慕，问蝴蝶："我能不能也像你一样，在阳光下自由飞翔？"蝴蝶告诉它："当然可以，但是第一你必须渴望飞翔，第二你必须有脱离安全温暖的巢穴的勇气。"蛹问蝶："这是不是就意味着死亡？"蝶告诉它："从蛹的生命意义上说，你已经死亡，从蝶的生命意义上说你又获得了新生。"

蛹只有勇敢面对死亡的恐惧，才能真正破茧化蝶，人只有正视痛苦和伤害，才能重拾自信和勇气，从而获得第二次生命。第二次的生命质量会比第一次更加绚烂。许多人认识不到这一点，采取了消极的态度，要么买醉虚度人生，要么抱着破罐子破摔的态度，结果陷入一个恶性循环，毁掉了自己的一生。

忘掉痛苦就能继续前行，道理虽然简单，做起来却很难。因为与快乐相比，痛苦的记忆更容易被大脑储存。最近，有荷兰科学家宣称：通过电击疗法可以删除人类大脑里的指定记忆，帮人们彻底忘掉痛苦。这听上去不错，但仅凭科学技术来帮自己走出情绪低谷，并不能从根本上解决问题，如果痛苦情绪多，要挨个删除吗？即使删除了，一个失去记忆的人又有多少快乐呢？所以，人最终还是要靠自己的力量去战胜痛苦，走出负面情绪的阴霾。

人生有许多珍贵的东西是值得一生回忆的，但也有许多伤痛和烦恼是必须放弃的。既然人生没有回头路，何必为此纠结不已？生活还得继续，我们要做的就是一直向前走，即使跌倒，也要流着泪站起来。只要心怀希望，生活就不会辜负我们。

99%的烦恼都不会发生

生活中，免不了有一些烦心事。有些烦恼来自外界，必须正视；但大多数烦恼则源于内心，也就是所谓的自寻烦恼。我们都听说过杞人忧天的故事，说的是杞国有个人担心天会塌地会陷，自己无处藏身，整天睡不好觉，吃不下饭。

如此患得患失，真让人忍俊不禁。现实生活中不乏这种自寻烦恼的人，他们整天为根本不会发生的事而烦恼，消耗了大量的时间和精力。古人说：天下本无事，庸人自扰之。

美国作家布莱克伍德在第二次世界大战期间，就曾陷入这种杞人忧天的困境。当时，因为战争的到来，布莱克伍德一直平静的生活被打破。突然间，接二连三的打击向他袭来，他为下面这些烦恼整晚都睡不着觉，辗转反侧。

①他的商业学校面临严重的财务危机，因为大多数男生都应征入伍了。

②他儿子在军中服役，生死未卜。

③他家附近要修建机场，土地和房屋将被无偿征用，赔偿费只有市价的1/10。

④他家农场的水井干枯了，又不能重新挖井，因为这块土地已经被征用。

⑤他女儿高中马上就要毕业，上大学需要一大笔费用。

一天下午，布莱克伍德坐在办公室里为这些事烦恼，他把它们一条条列下来，冥思苦想，却束手无策，最后只好把列下摧残他健康的几大烦恼的纸条放进抽屉里。一年半过去了，有一天他在整理资料时，偶然间看到了这张纸条，却发现这些烦恼没有一项真正发生过。

①因为政府开始拨款训练退役军人，他的学校不久就招满了学生。

②他儿子毫发无损地回来了。

③因为附近发现了油田，他的房子不可能再被征收。

④既然土地不会被征收，他就可以花钱挖一口新的水井。

⑤他女儿在上大学之前，他找到了一份兼职稽查工作，这帮他筹足了学费。

布莱克伍德以前也听人说过，世界上99%的烦恼都不会发生。他一直不大相信，直到他看到自己的这张烦恼清单，他才完全信服。对此，他感慨道："为了根本不会发生的事而饱受煎熬，这是一件多么悲惨的事啊！请记住，今天正是你昨天所担心的明天。"

人有乐天派和忧郁派之分。乐天派的人，生活态度积极，凡事都往好的方面想，即使遇到挫折，也能很快寻求到安慰和希望，重新振作起来。忧郁派的人则恰好相反，他们感情脆弱，多愁善感，凡事总往坏的方面想，因此活得很累、很窝囊。就拿聚会这种小事来说，乐天派的人会想，聚会可以尽情热闹一番，把所有的压力都宣泄掉，因此很乐意参加。而忧郁派的人则会想，如果看到别人都过得比我好，岂不是很难堪？于是找各种理由推辞掉。

忧郁派的人爱做不切实际的梦，他们喜欢把别人的问题揽到自己身上，总是盯着消极的一面不放，这些性格特征使得他们烦恼不断，无法获取积极的正能量，很容易把自己拽入一个黑洞，不去寻找出路和光明，而是不断向下挖掘，让自己陷得更深，最终无法自拔。

当然，乐天派有时也免不了自寻烦恼，为欲望、为攀比，使自己陷入不满足、嫉妒甚至仇恨的烦恼中。其实，只要是人，就逃不开烦恼的羁绊，关键在于及时化解，从烦恼中解脱出来。那么，如何化解烦恼呢？不妨从以下几方面着手。

①进行比较。这种比较不同于攀比，是在自己遭遇不幸时，与那些更不幸或更不如意的人进行比较，从而得到安慰。这不是阿Q式的精神胜利法，而是智慧的表现。当人的内心承受过大的压力时，这种方法能够释放压力，使自己归于平静，以理智的心态对待一切。

②穿越未来，洞穿事实。遇到烦心事，可以想象一下三五天后或者更长一段时间后，自己是不是还那样在乎。很多时候，时间可以冲淡一切。如果是这样，不妨想象自己穿越到未来，眼前的事实已经淡化为烟雾，这样一来你还会在乎那些迟早会烟消云散的烦恼吗？

③烦恼误事，要直面现实。烦恼来自现实，过分纠结于烦恼，就是逃避现实，是无法解决问题的。要想化解烦恼，必须勇敢面对现实，找到弥补或解决的办法。

④把自己当成旁观者。人们常说：事不关己高高挂起。这种态度虽然消极，但如果用来对待烦恼，则会收到良好的效果。大多数烦恼都是自找的，如果觉得它们与自己无关，自然不会再纠结。因此，遇到烦恼，不妨用旁观者的心态审视一下，这些烦恼究竟值不值得自己劳心伤神。站在旁观者的角度还能厘清自己的思路，找到真正解决烦恼的办法。

俗话说：没心没肺，活着不累。这是因为，没心没肺的人从不轻易给自己增添无谓的烦恼。记住，世界上99%的烦恼都不会发生，也不会对我们的生活造成伤害和困扰。因此，放下烦恼，愉快地享受生活吧。如果你的心中晴空万里，乌云就不会对你产生影响。

CHAPTER THREE

控制愤怒

第三章

你能驾驭愤怒吗

愤怒是一种强烈的情绪，会给人造成严重的伤害。人一旦被愤怒的情绪控制，很容易失去理智，跟人发生争执甚至斗殴，造成严重后果。每个人都会遇到令自己愤怒的事情，关键是你能否驾驭愤怒。想知道驾驭愤怒的能力吗？那就试试以下测试题吧。

1. 你是否跟家人或者好朋友吵架？

A. 经常（5 分）B. 有时（3 分）C. 从不（1 分）

2. 跟家人吵架时，你会摔东西吗？

A. 是的，有时会摔（5 分）B. 只有在极其愤怒时才摔（3 分）C. 从来不摔（1 分）

3. 你觉得人们应该说出自己内心的想法吗？

A. 是的，永远这样（5 分）B. 不，我宁愿深藏于内心（3 分）C. 如果会引起麻烦，我就不说真话（1 分）

4. 如果家里人总是就一个问题责备你，你会怎样？

A. 只要听到他们开口，就跟他们吵架（5 分）B. 发脾气，但很快能平静下来（3 分）C. 忍着不吭声，但会生闷气（1 分）

5. 明知做了会引起家人或好友愤怒的事，在你觉得自己没错的情况下，你会怎样？

A. 大胆告诉他们，并试着抚慰他们的情绪（5 分）B. 告诉他们，随他们去（3 分）C. 缄口不言（1 分）

6. 在外面受了气，你是否会把愤怒发泄在你最亲近的人身上？

A. 经常（5 分）B. 想控制，但总是控制不住（3 分）C. 从不（1 分）

7. 你是否觉得争吵不利于友情？

A. 不是，理智的争吵可以增进友情（5 分）B. 没必要，但又不可避免（3 分）C. 是的（1 分）

8. 半夜，邻居家的吵闹声把你从梦中惊醒，这已经是一周来的第三次，你会怎样做？

A. 直接敲门，让他们安静下来（5 分）B. 早上从门缝里塞一张纸条告诉他们你的想法（3 分）C. 气得要命，但什么也不做（1 分）

9. 你新买了一件昂贵的礼物，但一周不到就坏了，你会怎样？

A. 打电话骂经理一顿（5 分）B. 打电话给商店，温和地要求退货（3 分）C. 竭尽全力要求赔偿（1 分）

10. 你前面的人因为在检票口磨蹭，使你失去上车的机会，你将怎样？

A. 告诉对方，他耽误了你的正事（5 分）B. 耸耸肩，表示无所谓（3 分）C. 愤怒，但忍住不说（1 分）

11. 如果你花钱看了一部很烂的电影，你会怎样做？

A. 在某些公共平台上发表不满言论（5 分）B. 中途退场（3 分）C. 无聊地坐着等待散场（1 分）

12. 你预约后在诊所等待，但你最近比较忙，等了半个小时后，你会怎么做？

A. 大声抱怨着走出去（5 分）B. 礼貌地解释说你得走了，再重新约个时间（3 分）C. 继续等（1 分）

13. 排队时，有人突然插到你前面去，你会怎样做？

A. 向别人大声抱怨（5 分）B. 碰碰他，让他去后边排队（3 分）C. 瞪着他，忍气吞声（1 分）

14. 在餐馆吃饭时，服务员把菜汤洒在你的裤子上，你会怎么做？

A. 痛斥对方，让他赔你一条裤子（5 分）B. 真心表示没关系(3 分）C. 虚假表示没关系（1 分）

15. 你跟一个惹怒你的陌生人争吵起来，接下来你会怎么做？

A. 发泄你的脾气，跟他针锋相对（5 分）B. 强忍怒火，并且顺着他（3 分）C. 尽快从争吵中撤退（1 分）

16. 有售货员对你态度粗鲁，你会怎么做？

A. 以同样粗鲁的态度回敬他（5 分）B. 猜他有不顺心的事，很快忘掉（3 分）C. 感觉很丢人，但不说什么，以后再也不到这里来了（1 分）

测试结果分析

测试说明：第 1 ~7 题测试的是你私人关系中的愤怒，第 8 ~16 题测试的是你的社会愤怒。两类问题的总分在 16 ~ 80 分之间。

60 分以上：你属于公开愤怒型，任由自己的愤怒情绪肆无忌惮地发泄出来。

40 ~ 59 分：你属于能够控制愤怒型，能够有效控制自己的愤怒，使自己保持理智。

39 分以下：你属于压抑愤怒型，把愤怒压在心底，自己折磨自己。

说出你的不满

愤怒是每个人生活中不可避免的情绪体验。如果用问答的方式让你说出心中的不满，你可能会写满整页 A4 纸，对领导的不满、对同事的不满、对朋友的不满、对家人的不满、对邻居的不满等，都可能映入你的脑海，让你在第一时间把他们的“罪行”数落个遍。

很多人愤怒时，往往选择压抑内心的情感，但一味地控制、忍让，会导致体内生物化学平衡受到干扰，严重者还会削弱对疾病的抵抗力，缩短寿命。因此，学会适当地发泄心中的愤怒很重要。早在古罗马时期，人们就学会在手里握着特别的槽（古代饮器），遇到愤怒的事情时便把它打碎。聪明的日本人则在办公室放上领导的塑像，供下属下班后敲打发泄。

当然，你也可以通过听音乐、运动、散步、旅行等方式来发泄心中的不满。但在所有这些方式中，最有效的方式就是直接说出你心中的不满。

周一早上，医院资料室来复印病历的人很多，他们都是等着拿病历去报销医药费的。小王填完相关信息后，便在椅子上等待工作人员叫名字。

资料室人很多，窗口里的人忙得不亦乐乎，窗口外的人等得百无聊赖。工作人员通常一叫就是一串名字。小王耐心地在大厅等候，可直到窗口里的人宣布下班时间已到，不再接收信息时，他还没收到复印好的病历。眼看资料室马上就要下班，他冲到窗口，质问道：“我的早就交了，比我后来的都拿走了病历，我的怎么还没办完？”工作人员听他这么一说，向他询问有关信息，原来他的被遗漏了。工作人员赶紧放下其他人的病历，优先把小王的打印出来，并抱歉地说：“对不起，是我们疏忽了，这个打印费就免了吧。”

如果小王不说出他心中的不满，一味地等下去，到最后不但会耽误更多时间，还会导致积郁的愤怒情绪突然爆发，最终闹得不欢而散。幸好小王及时表达了自己的不满，才不致浪费更多的时间，同时还获得了免费补偿，心里的气自然也就烟消云散了。

这个案例告诉我们，心中有不满要说出来，让别人知道，这样才能引起对方重视。如果把它埋藏起来，对别人的不满情绪会越来越大，最终导致怨恨、痛苦和压力。

当然，在某些场合下，人们并不愿说出心中的不满，怕那样会得罪人，或者因为自己言语不当，伤害到别人，甚至怕被别人报复。这个时候，要讲究方式和方法。

①直接但不粗鲁。对于陌生人和熟悉的同事，可以直接表达自己的不满，但要讲究方式方法，不要一副怒气冲冲、得理不饶人的样子，用粗鲁的言语指责别人，这样非但解决不了问题，反而有可能引发冲突，惹来不必要的麻烦。不同的人在不同的环境下生活，习惯自然不一样。有的讨人喜欢，有的招人厌恶，但无论如何，说出你的不满，才能解决问题。

②不以伤害别人为目的。对别人有不满的地方，可以委婉地说出来，相信大多数人都会接受，但如果以讥讽、嘲笑甚至背后骂人的方式来表达心中的不满，不但得不到别人的理解，反而会被人误以为是恶意中伤，从而与别人产生不必要的矛盾。

③注意表达方式。能微笑的就不要板着脸，能用温和的词语就不要用过激的词语。如果不善言辞，可以选择发短信或者打电话聊天的方式，看看对方的反应如何。一般情况下，只要你足够真诚，他们就会接纳你的意见，并反思自己的行为。

如果觉得自己言多必失，还可以像下面这个小男孩一样，尝试无声的表达法。

在英国，有一家冰激凌店，生意很火。后来，因为原材料涨价，该店将冰激凌的价格从3.6英镑上调到3.8英镑。这一决定惹恼了一位经常光顾该店的小男孩。为了表达自己的不满，小男孩一手举一个冰激凌盒子站在店门口，左手的盒子上写着3.6英镑，右手的盒子上写着3.8英镑，胸前还挂着一个大大的问号。

小男孩的行为引来不少人驻足观望。这时，一个经理模样的人走了过来，笑着送给小男孩一个玩具熊，嘴里还不停地说着“sorry”。显然，小男孩的举动给店方造成了压力。

店方在没有价格公示的情况下擅自提价，小男孩对此很不满意，但他并没有冲进店里大声嚷嚷，而是采取这种无声的方式来表达自己的抗议，最终迫使对方作出让步，实在叫人惊讶和佩服。由此可见，用沉默的方式来表达内心的不满，有时可以起到意想不到的效果。

不管采用什么方式，只要能表达自己的意愿，让对方了解你的想法，就可以缓解你的情绪，让你少一些烦恼，多一些快乐，同时也让你多一份与人交往的真诚。

不要压抑强烈的情绪

情绪就像疾病一样，也有轻重缓急之分，那些舒缓的情绪，我们称之为稳定的情绪，是长期身处的一种状态，比如经常处于快乐中，或者经常处于抑郁中；而那些急剧的情绪，我们称之为强烈的情绪、偶尔爆发的情绪，它们来得快、爆发力强，杀伤力也很强。

慢性病一般不好治，需要长时间调理才能缓解，而且通常不能根治。而急性病通过服药或手术就能彻底治愈，不留后患。但是，急性病如果不及时治疗，就会演变为慢性病。情绪也是一个道理，强烈的情绪如果得不到及时宣泄，就会变成一种长期稳定的情绪。

那么，什么是强烈的情绪呢？前面我们说过，喜怒哀惧是人类的四大情绪。这四种情绪都有从弱到强的变化范围，例如一般的喜是高兴，强烈的喜是狂喜；一般的怒是生气，强烈的怒是暴怒；一般的哀是伤心，强烈的哀是哀痛；一般的惧是害怕，强烈的惧是恐惧。超过一定的限度，一般的情绪就会变成强烈的情绪。

一般的情绪很容易消散，不会对身心健康造成任何影响，但强烈的情绪则积累了人体所有的能量，一旦爆发，会对身心健康造成严重危害。在《儒林外史》里，讲述了这样一个故事：士人范进一直生活在穷困中，想通过科举考试改变命运。他不停地应试，但考了 20 多次，直到 54 岁才考中个秀才。最后一次，他终于通过乡试考中了举人，结果却因为喜悦的情绪太强烈，变成了狂喜，最终喜极而疯。

生活中，我们经常看到有些人因为过度生气或悲伤而晕厥倒地。这种强烈的情绪对身体无疑是有害的。前面我们曾提到，人体 76% 的疾病与情绪有关。这其中，强烈的情绪导致的疾病占绝大多数，很多因情绪而葬送性命的例子更是与强烈情绪的发作有直接的关系。

既然强烈的情绪有害无益，那能不能忍而不发呢？忍可以，但对身体没有半点好处。强烈的情绪就好比人体滋生的毒素，如果强行忍下去，毒素就会留在体内，时间一长，其危害在体内缓慢散发，势必影响人的五脏六腑。范进之所以会疯，就是因为他平常忍受了太多强烈的不满情绪，一旦出人头地，所有的情绪一并爆发，使他的大脑神经错乱了。抑郁症患者也是因为长期压抑自己的强烈情绪，慢慢形成一种习惯，最终演变为有害健康的疾病。

如果你在表达情绪的时候过于激动，或者在情绪表达之后很长时间内不能从中摆脱出来，那么这种方式就会给你的身心造成伤害。畅销书《当下的力量》作者埃克哈特·托利曾描述过这样一种情形：两只鸭子在水中发生争斗，经过短暂冲突后，它们分别向相反方向游去，各自用力扑扇几下翅膀，释放刚才打架时所累积的负能量。然后，它们会像什么事情也没发生过一样，安详地浮在水面。鸭子都需要宣泄情绪，更何况是人！所以，当你有了强烈的情绪时，一定不要压抑在心底，要通过适当的方法宣泄出去。

①大哭一场。悲伤或委屈时，能哭就哭。女人的平均寿命为什么比男人长？有一种说法是因为女人爱哭，她们把哭当作宣泄的一种手段。哭不是懦弱的表现，而是清除心理垃圾的方式。哭完了，心里也就痛快了，不再压抑。排完毒，心里自然也就健康了。男人在这方面应该向女人学习，如果怕在众人面前哭丢人，可以找个没人的地方，放声宣泄心中的愤懑。

②大声喊出来。强烈的情绪有时像浓痰堵在嗓子眼，不用力咳是不会出来的。这时，可以站到高处，例如楼顶上，或者外出登山时，对着空旷处，大声喊出心底想说的话，让这些裹挟着负面情绪的话随风逝去，让心里如透明的泉水般清澈无杂质。

③找个出气筒。心里有气，不妨找个出气筒。可以是玩偶，也可以是拳击沙袋。把心中的愤怒和怨恨都撒在它们身上，直到自己汗流浃背，精疲力竭，你会发现浑身轻松。现在有的地方甚至专门为白领阶层开设了出气的店面，里面有各种可供出气的项目，很受欢迎。

当然，你也可以自创宣泄的方法，但前提是要健康，不能伤害到别人。有些人为了宣泄情绪，报复社会，伤及无辜群众的安全，这种害人害己的方法实在要不得。宣泄是让自己更好地活下去，而不是让自己跌入万劫不复的地狱，成为众人唾骂的对象。

凡事多替别人想想

行走于社会，总要跟各种各样的人打交道。在单位，同事之间相互竞争，可能产生一些隔阂，或者还会产生某些嫉妒。这个时候，如果彼此宽容，设身处地为别人想想，大家的关系就会很融洽，工作起来心情愉快。如果凡事替自己打算，很少为别人着想，那么人际关系肯定搞不好，工作起来也不顺心。下面这个故事颇耐人寻味。

有个盲人，晚上出门喜欢提一盏灯笼。有人觉得好奇，就问他："你不是什么都看不见吗？提个灯笼干啥？"盲人回答说："我是看不见，但提个灯笼能给别人照明，别人能看见我，自然也就不会撞到我。"

故事虽然简单，但揭示了一个深刻的道理：有时候，帮助别人就是帮助自己，凡事多替别人想想，对自己没有坏处。

凡事多替别人想想，这要求我们站在对方的立场上考虑问题，与对方在感情上进行交流和沟通，最终实现相互理解。古今中外，无论种族，也不论宗教，都有这方面的论述。在中国，孔子曾经说过：己所不欲，勿施于人。在西方，《马太福音》里告诫人们：你希望别人怎样对待你，你就要怎样对待别人。虽然说法不同，意思相近，就是要我们凡事多替别人想想，你对别人好，多为别人考虑，别人自然也会对你好。

孟桐是在美国读书的中国留学生，租住在罗拉太太的家中。有一天，他整理房间时，不小心打碎了罗拉太太的一个花瓶，弄得满地都是碎片。孟桐心想，这下可闯了大祸了，这个花瓶可是罗拉太太最心爱的收藏品，于是赶紧向罗拉太太道歉。

令他感到意外的是，罗拉太太并没有责怪他的意思，她微笑着说："没关系，你又不是故意的。"孟桐的心中充满歉疚，赶紧把碎片草草装进一个超薄塑料袋中，放在门口，等着工人把它拎走。没想到，这时罗拉太太的脸色突然大变，她阴沉着脸，把垃圾重新装在一个厚厚的垃圾袋里，把袋口牢牢封住，拿出纸和笔，写上一行字：“里面有锋利的碎片，请小心，不要扎到手，祝好运！”然后，把纸条贴在垃圾袋显眼的位置上。

紧接着，罗拉太太转过身对孟桐说：“孩子，凡事应该多替别人想想，我们得为自己的垃圾负责，不然的话，一定会有人被它扎破手的！”

罗拉太太的一句“凡事应该多替别人想想”实在感人至深，她的做法让孟桐汗颜！

凡事多替别人想想，这是真善的体现，也是为人处世的准则。遗憾的是，生活中很多人什么事都不愿吃亏，他们坐车要抢好位置，开车要自己先过，吃东西要自己先享用，甚至有人在利益面前争得面红耳赤，工作面前挑肥拣瘦，心中只有自己，完全没有别人。

多替别人想想，有时只是举手之劳。上下班坐地铁或公交车时，给老人让个坐，只不过自己多站会儿而已；打喷嚏时，用手捂住嘴巴，只不过把自己的手弄脏而已。但只要坚持这样做，你就会发现自己的心中充满了正能量，什么烦恼都会被抛之脑后。

俗话说：赠人玫瑰，手有余香。不管身处什么环境，只要你心里想着别人，牢记“凡事多替别人想想”的信条，你就会发现你的路越走越宽，心境也会越来越敞亮。

宽恕别人，就是善待自己

生活中，不如意之事十有八九，工作不顺心、邻里纠纷、跟家人吵架、被朋友欺骗、孩子不听话等。遇到这些事怎么办？都去计较吗？显然不是。真要计较的话，那日子就没法过了。你会觉得按下葫芦浮起瓢，一切不如意都会向你袭来，压得你喘不过气来。

朋友因一句话不合争得面红耳赤，形同路人；邻里因为孩子打架导致大人拌嘴，老死不相往来；夫妻因为家庭琐事大打出手，劳燕分飞……类似的场景实在太熟悉。其实，很多时候是我们自己亲手策划了这样的结局，我们用愤怒代替理智，针尖对麦芒，以毒攻毒，以怨报怨，纠缠于无休止的报复中，直弄得伤痕累累，两败俱伤。

扪心自问，这样的结果真是我们想要的吗？如果整天与人吵嘴，这样的生活你还会觉得美好吗？肯定不会。既然如此，为何不试着改变一下自己对别人的态度？在上述情景中，假如我们学会宽容，扮演一个宽恕者的角色，类似的悲剧还会发生吗？

试着不去计较甚至宽恕朋友背地里无意说过的一句闲话，你还会跟他绝交吗？孩子打架，你试着不去掺和，邻居之间还会发生矛盾吗？老婆唠唠叨叨，埋怨你不做家务，你试着迁就她一下，两人还会大动干戈吗？一个巴掌拍不响，你不去计较或者宽恕对方的言行，自然就会少一些争吵，多一些心平气和。

月有阴晴圆缺，人有旦夕祸福。有些事情并非人力所能及，就像有人说的那样，我们不能改造世界，也不可能改变别人，但我们可以改变自己的心态和对他人的态度。对别人多一些宽容，不仅是替别人着想，更是为了让自己活得更好。

在美国某市场，有个中国妇人的摊位生意特别好，引起了其他摊贩的嫉妒，大家经常有意无意地把垃圾扫到她的店门口。对此，中国妇人只是宽厚地笑笑，不但不计较，反而把垃圾都扫到自己的角落。旁边有个卖菜的墨西哥妇人观察了她好几天，忍不住问道："大家都把垃圾扫到你这里来，你为什么不生气？"中国妇人笑道："在我们国家，过年的时候都会把垃圾往家里扫，因为垃圾越多代表赚的钱越多。现在每天都有人送钱到我这里，我怎么舍得拒绝呢？你看我的生意不是越来越好吗？"从此以后，那些垃圾永远消失了。

这个中国妇人化诅咒为祝福的智慧令人惊叹，但更令人敬佩的是她与人为善的美德。她用智慧宽恕了别人，也为自己创造了一个融洽的环境。俗话说和气生财，关系和睦了，生意自然越做越大。如果她不采取这种方式，而是针锋相对，那结果很可能是两败俱伤。

宽恕是智慧，是力量，是仁爱，是对别人的释怀，也是善待自己。一个能时常宽恕别人的人，也必定能得到别人的宽恕。夫妻间有了宽恕，才能白头偕老；朋友间有了宽恕，才能友情长存。宽恕别人的同时，也在创造自己的美好人生。

但宽恕不是迁就，也不是软弱，而是一种充满智慧的修身处世之道。宋朝人林逋在《省心录》中告诫人们："以恕己之心恕人则全交，以责人之心责己则寡过。"意思是做人要严于律己，宽以待人。宽恕别人其实就是善待自己。俗话说：占小便宜吃大亏，吃小亏占大便宜。上天是公平的，你在这里失去的东西，会在别的地方得到加倍的回报。

宽恕也不是胆怯，更不是唯唯诺诺，而是一种洒脱。要想让自己真正快乐起来，就要从内心宽恕别人。表面上宽恕，暗地里记恨，这种心态更可怕，不但害人，更会害己。一旦情绪达到不可容忍的地步，突破了你的底线，这种压抑许久的情感就会爆发出来，不但伤害他人，更会使自己的心灵留下巨大的创伤。所以，宽恕就要真正不去计较他人。

善于宽恕的人常怀一颗感恩的心，感谢父母给予生命，感谢老师给予知识，感谢朋友给予温暖，感谢敌人给予智慧。当你对世间万物、对身边的人心存感激时，内心的积怨和不满会立刻荡然无存，心态变得平和，眼里充满绚烂的色彩，心灵处处感受到泉水的叮咚。

学会弯腰

有个老汉，带儿子出去办事。路上，见到一个被人遗弃的废铁锤，便叫儿子捡起来，当废品卖了换几个钱。儿子非常不屑，说："这东西值不了几个钱，我犯不着为它弯腰。"

老汉一言不发，默默地弯腰捡了起来。等办完事回来，老汉把废铁锤卖了，买了一些糖回家。儿子见了，嚷着要吃糖，老汉就把一颗糖扔在地上，说："你想吃糖，自己弯腰捡起来吃吧。"儿子抵不住糖的诱惑，只好弯下腰把它捡起来。

就这样，老汉扔一颗，儿子捡一颗，走了一路，老汉意味深长地对儿子说："当初让你捡废铁锤，你弯一下腰都不肯，现在为了吃糖，却一次又一次地弯腰，你说值不值？"

这时，儿子才明白老汉的用意，羞愧得满脸通红。

故事虽小，却告诉我们一个道理：做人要学会弯腰，一次不弯腰，就要次次弯腰。人们常说，遇到危险和挫折时，应该迎难而上，勇敢抗争。然而，现实生活中有太多的事情是我们无法改变的，如果不知道变通，昂首向前冲，只会撞得头破血流。有时候，我们需要弯腰穿过一扇低矮的门，才能翱翔于开阔的天空。

春秋后期，吴越两国战事不断，后来越王勾践不幸战败，沦为吴国的奴隶，在吴国受尽屈辱，穿麻衣，吃糠咽菜，为吴王端屎端尿，如果他不弯腰，就不会有日后的反败为胜；西汉开国功臣韩信，幼时曾忍受胯下之辱，如果他不弯腰，就不会有日后的飞黄腾达；西汉史学家司马迁，曾经遭受宫刑，如果他不弯腰，就写不出后来名垂青史的《史记》。

弯腰，有时是为了保护自己。为什么台风来临时，粗大的树木被连根拔起，而柔弱的小草却毫发无伤？因为在强风面前，大树只会挺直腰板硬扛，这种不自量力的行为最终断送了它的根基，而小草自知抵抗不过强者，知道弯腰示弱，才会在灾难过后依然绿意葱葱。

弯腰不是屈服，而是另一种抗争形式，预示着下一次的崛起。对于我们每个人来说，学会弯腰，是一种智慧的表现，尤其当你处在逆境时，千万不要以硬碰硬，要学会弯腰，学会忍受，只要你暗中努力，不断积蓄能量，相信下次一定可以重新挺直腰板。

易中天在《闲话国人》里说过，人生要沉得住气、弯得下腰、抬得起头。做到这三点，你就是一个阅历丰富、有内涵的人，就像田里的谷穗，越是成熟，越是弯腰弯得厉害。

人在年轻时，血气方刚，凡事据理力争，不懂得弯腰，才会经常碰壁，伤痕累累；中年时，多了一些处世之道，懂得变通，知道该弯腰时就弯腰，因此为人处世都彰显方寸，在刚柔并济中求得生存和发展；到了老年，更多一些智慧和豁达，弯腰的次数反而更多，这时的弯腰是一种谦和的态度，是一种看尽人世沧桑的智慧，是在成熟中求得圆满的境界。

据说，凡是报考印度孟买佛学院的学生，进校的第一堂课就是由学校的老师将他们引到该学院正门一侧的一道小门旁，让他们从这里进出一次。这道小门只有 1.5 米高，0.4 米宽，一个成年人要想通过，就必须侧身弯腰，否则就会碰到墙壁撞到头。而经过这道小门后，他们会豁然发现，外面的天地有多宽多大。

人生就像一座迷宫，需要经过一扇扇小门，只有学会弯腰，才能看到前面的风景。学会弯腰，会让你变得坚忍，不断克服前进道路上的障碍；学会弯腰，会让你变得谦虚，学到更多的知识和经验；学会弯腰，会让你心态平和，在享受快乐的生活中不断进取。

不要做无谓的争辩

生活中，我们经常为了某件小事，和别人争得面红耳赤，甚至将对方批得体无完肤，只为了证明自己是对的。可是，这又能怎样呢？没有人会轻易改变自己的主意，即使你在辩论中赢了，对方也未必服气。而你呢，除了收获一份怨恨，还有什么？

古时候，有一胖一瘦两个人在一起争论。胖子认为三乘八等于二十五，瘦子认为三乘八等于二十四，两人争了两天，谁也没能说服谁，于是就去找县太爷评理。结果，县太爷打了那个瘦子二十大板。瘦子感到委屈，埋怨县太爷办事不公。县太爷回答说："你竟然跟一个认为三乘八等于二十五的人争论，本身就愚不可及，难道还不该打吗？"

县太爷说得没错，就算有理也不一定非要辩出个对错，为了证明自己是对的，跟人争得脸红脖子粗，实在是一件很愚蠢的事，不仅浪费时间，还会引起别人的厌恶甚至仇恨。在上司面前做无谓的争辩，上司会认为你是个喜欢推卸责任的人；在妻子面前做无谓的争辩，妻子会认为你是个无能的人；在陌生人面前做无谓的争辩，陌生人对你产生反感。

卡耐基年轻时喜欢争辩。有一次，他到伦敦参加一次晚宴。宴会上，坐在他右边的嘉宾讲了一段很幽默的故事，其中提到一句成语时，他说该成语出自《圣经》。

《圣经》？不可能！卡耐基心想，他明明记得出自莎士比亚的某部作品。为了体现自己的优越感，卡耐基想都没想，就当场予以反驳。可以想象，对方听到后会是什么反应。

他立刻争辩道："什么？莎士比亚？不可能，绝对不可能，那句话出自《圣经》……"

两人很快就陷入了争执中。巧的是，弗兰克·格蒙就坐在卡耐基的左边。他是卡耐基的老朋友，对莎翁的作品了如指掌。为了公平起见，两人决定请格蒙来评判谁输谁赢。

这个时候，令人意想不到的事情发生了。格蒙先是用脚踢了一下卡耐基，然后说道："戴尔，是你错了……这位先生说得对，那句话确实出自《圣经》！"

卡耐基当时就蒙了，他不知道格蒙为何要这样做。晚宴结束后，卡耐基不解地问格蒙："你明知道那句话出自莎士比亚的作品，却为何偏偏说我错了？"

格蒙回答道："是的，没错，那句话出自莎士比亚。可是，戴尔，我们是来参加晚宴的，不是来争辩的。为何非要当着众人的面，证明那位先生错了？这样做，对你有什么好处？再说，那位先生也没征求你的意见啊。最后，我想说的是，戴尔，永远避免正面的冲突。"

格蒙的一番话，令卡耐基如梦初醒。回顾多年来，自己参加过的数千场辩论，有哪一场自己真正赢过？即使辩论赢了，可结果还是输了，因为你失去了对方的友谊。

在这个世界上，有很多不愉快的事情都是因为毫无意义的争辩引起的。我们经常看到有些人为了一点儿小事，跟对方展开针锋相对的争辩，甚至用恶毒的语言攻击对方。这种争辩给对方造成的精神伤害并不比肉体伤害轻。

每个人所处的位置不同，看问题的角度不一样，得出的结论就会迥然相异，孰是孰非没有一个评判标准。例如，富人说"能用钱摆平的事都不叫事"，穷人说"任何事都是事"，这种辩论毫无意义，你再辩也辩不出个所以然来。对此类问题，最好三缄其口。

富兰克林曾经说过："与人争辩，或许你会赢，但这种胜利是短暂而空虚的……通过争辩，你永远得不到对方的好感。"记住，你不是布鲁诺，没必要为捍卫真理而牺牲一切。无谓的争辩不但浪费你的时间和精力，有损你的形象，有时还会造成家庭不和睦、社会的不和谐。因为一句话酿成血案的例子并不鲜见，许多犯罪都源于毫无意义的唇舌之争。

喜欢争辩的人，无非是想表现自己。遇到这样的人，要尽量避免与之发生冲突。不管他的见解多么肤浅，也不管他的攻击性有多强，都不要动嘴。代之以礼貌和智慧，对方的企图就无法实现。不做无谓的争辩，才能避免自己陷入不必要的麻烦中，坦然快乐地生活。

让他三尺又何妨

清朝康熙年间，文华殿大学士、礼部尚书张英的家人与邻居发生纠纷。张英世代居住在安徽桐城，他的府邸与吴家相邻，两家中间有一条属于张家的空地相隔。

吴家盖房子越界侵占了张家的空地，张家的人不服气，两家争吵不休，闹到了县衙。但张家和吴家都是当地的名门望族，县衙不敢轻易作出决断，迟迟没有解决这件事。

张家的人于是给远在京城的张英写了一封信，向张英告状。张英看完家书，写了四句诗命人捎回去："千里家书只为墙，让他三尺又何妨，长城万里今犹在，不见当年秦始皇。"

张家的人收到书信后，非常愧疚，主动让出了三尺地。吴家人看到张家人的做法后，非常感动，于是也向后退了三尺，形成一条六尺宽的通道，这便是"六尺巷"的由来。

现实生活中，也有很多这样的例子。

一辆轿车要在路口左转，到了路口，司机不但没有减速，反而不停地按喇叭，催促正在过马路的行人。结果，其中一位行人非但没有加快脚步过马路，反而索性停下脚步站在马路中央。于是，司机和行人发生了冲突，两人互不相让，最后报了警。

到了交通队，两人仍旧不依不饶，互相指责。司机说自己按喇叭示意，行人赶快走过去就行了。而行人却说司机拐弯不减速，是对行人的不尊重。两人各执一词，不肯退让。交警不停地劝说，两人终于安静了下来。经过一个多小时的调解，两个人才罢休。

本来是一件很不起眼的小事，却因为双方互不相让，耽误了很长时间，实在不值。自古以来，礼让、宽容就是中华民族的传统美德，可到了今天，这种传统却在人们的观念中逐渐淡漠。很多人认为，对别人宽容就是委屈自己，所以每次都得拼个你死我活才肯罢休。

一个人不论在工作还是生活中，如果不懂得谦让，凡事把个人利益放在第一位，与人斤斤计较，寸土必争，别人自然也不会宽容你，认可你，最终必将陷入孤立无援的境地。只有懂得谦让别人，别人才会谦让你。人与人相处，多一些宽容、谦让，才能相处下去。

有时候，两个人产生矛盾，只要其中一人适当谦让一下，事态就不致发展到不可收拾的地步。俗话说：忍一时风平浪静，退一步海阔天空。谦让会带来和谐的局面。

在原始森林里，有一只巨蟒和一头豹子同时盯上了一只羚羊。豹子看着巨蟒，巨蟒看着豹子，各自在心里打着自己的主意。豹子认为，要想吃到羚羊，就必须先灭掉巨蟒。而巨蟒则认为，要吃掉羚羊，就得先打败豹子。几乎在同一时间，它们按照自己的意愿不约而同地扑向对方，彼此撕咬，拼命想把对方置于死地。

当它们纠缠在一起难分难舍时，羚羊获得了逃命的机会，很快消失在它们的眼前。而豹子和巨蟒仍然在殊死搏斗。最后，它们双双倒地毙命。

猎人看到它们的争斗后，不禁感慨道："假如它们同时扑向猎物，而不是相互厮杀，然后平分食物，它们就不会枉死；假如它们同时走开，放弃猎物，也不会玉石俱焚；假如它们中有一个走开，也不会两败俱死；假如它们在争斗时能够意识到后果的严重性，也不会纠缠致死。豹子和巨蟒的悲哀在于，它们没能用谦让来化解一场原本可以避免的悲剧。"

然而，谦让并不代表软弱可欺，也不是在你面对别人的羞辱时，毫无反应，而是在不伤害对方的前提下，作出合理让步。对那些强词夺理、以为你好欺负的人，不能一味谦让，要给以有力的回击，让他们知道你的善良是有底线的，并非他们想象中的窝囊废。

懂得谦让的人，不会为世俗的烦恼弄得自己闷闷不乐，他们的大度，让他们从"剪不断理还乱"的麻烦中抽出身来，远离那些毫无意义的争吵，笑看花开花落，淡看云卷云舒。

生气不如争气

人这一辈子犯的错误，有80%是因为生气。怨气让人疯狂，怒气让人愚蠢，浮气让人失神，闲气让人伤心，闷气让人消沉，坏脾气会害死一个人。

科学家们通过实验发现，将一个人在平静状态下呼出的气体输入一种液体中，液体不会有明显变化，但是将一个人在伤心时呼出的气体输入这种液体中，液体会产生白色沉淀，而输入生气时呼出的气体，液体则会变得混浊不清。有人做过分析，一个人生5分钟的气，相当于长跑两公里消耗的体能。由此可见，生气对人体健康危害巨大。

爱生气的人，常常因为芝麻绿豆大点事而生气，这种生气简直形同自残，不但催人快速衰老，还会严重危害身体健康。不仅如此，人一旦生气，就会失去理智，导致许多悲剧的发生。人生是美好的，我们不应该让生气控制我们的情绪，进而毁掉自己的生活。

生气有时是弱者的表现：职场上，自己精心设计的一套方案因为没获得领导的赏识而生气；在家里，因为丈母娘嫌自己没本事而生气；在学校里，因为被尖子生嘲笑而生气；等等。

一个自命不凡的年轻人，因为得不到领导的重用而生气，于是质问上帝："命运为何对我如此不公？"上帝听完年轻人的抱怨，捡起一块石头，随手扔到石堆里，问年轻人："你能把我刚才扔出去的石头找到吗？"年轻人摇摇头。接着，上帝又把手上的金戒指摘下来扔进石堆里，问年轻人："那你能找到这枚金戒指吗？"年轻人立即答道："能。"上帝说："当你因为得不到领导重用而生气时，你不过是一块石头，而不是金子。因为你不能像金子一样发出耀眼的光芒，别人当然无法将你从石堆中找出来。"年轻人听了恍然大悟。

很多时候，你之所以生气，是因为你做得还不够好，你没有本事，没有上进心，没有发出金子般的光芒。这时，你生气于事无补，因为生气无法改变你的处境。要想改变，就得采取实际行动。常言道：愚蠢的人只会生气，聪明的人懂得去争取。

著名影星史泰龙从小就知道自己的父亲是赌棍，母亲是酒鬼。父亲每次赌钱输了就对母亲和自己拳打脚踢，而母亲每次喝醉之后，也会拿他当出气筒。

跟许多在家庭暴力环境中长大的孩子一样，史泰龙不能集中精力学习，到了高中便辍学了。之后他整天在街道上鬼混，过着百无聊赖的生活，受尽路人的厌恶和蔑视。对此，他非常生气，也很痛心。但他并没有想过去报复那些曾经伤害和讨厌他的人，而是想着如何改变自己的处境，从别人轻蔑的眼光中逃离出来。

他曾无数次地问自己：难道要这样在别人的白眼中度过一生？他也生过父母的气，恨他们没出息，恨自己生在这样的家庭。但生气归生气，史泰龙很快就冷静下来，思考今后的出路，他决心走一条与父母迥然不同的道路。因为没有高学历，也没有一技之长，最后他决定去当一名既没有学历要求也不需要太多本钱的演员。由于他长相普通，没当过演员，也没有特别的天赋，更没接受过专业的训练，所以一开始总是被拒绝。

但是，他并没有放弃，而是一边在好莱坞打工，一边寻找机会。后来，他终于打动了一位导演，安排他演戏，并逐渐成为一位世界顶尖级的电影巨星。

面对挫折，我们每个人都会下意识地想要逃避，不敢直面，受挫的情绪从来都是愤怒不甘大于乐观积极。其实，有时候在困难面前，我们不妨换一种心态，如果面对挫折，我们只会生气抱怨的话，那永远也不会有翻身的机会。但如果你能咬紧牙关，为了争一口气，努力挺过当前的难关，那么最后的赢家一定是你。记住，生气不如争气，与其跟别人生气，不如跟自己斗一口气，换一种积极乐观的心态，你就能拥有一个不一样的人生。

不要拿别人的错误来惩罚自己

生活中，常常听人说："气死我了，他怎么能这样呢？""真倒霉，一大早就碰到这样的人。"确实，不论在工作还是生活中，我们经常会遇到许多让我们生气的事情。在街上遛弯儿，被人不小心踩了一脚，对方连句"对不起"都没有，这让我们很生气，觉得对方一点素质都没有；工作中，由于同事不经意间的一个小错误，导致我们工作不顺利；或者遇到一个不讲情义的朋友，有时也会让我们很不高兴。类似这样的事情，犯错的是别人，而生气的却是我们自己，别人还没怎么着呢，我们自己倒是因为生气而先把身体给伤害了。

本来是别人做错了，可晚上彻夜不眠的那个人却是我们自己；本来是别人做错了，可茶饭不思的那个人却是我们自己；本来是别人做错了，可耿耿于怀的那个人却是我们自己。想想看，当年犯错的那个人，会知道我们深陷烦恼和痛苦中吗？当然不会，而且他们很可能早就把自己的错误抛之脑后，正逍遥快活着呢。真正犯错的人没有受到惩罚，而我们自己却要承受这种煎熬式的惩罚，所以大哲学家康德才说："生气是拿别人的错误来惩罚自己。"

有个女人，丈夫在做生意时被人骗了，本来殷实的家庭一下子落败。这个女人非常生气，每天站在门口，像个疯子似的哭诉自己的不幸，还用刻毒的语言诅咒那个骗子。她每天重复同样的话，刚开始人们还很同情她，有时也安慰她，后来见她总是这样，就不搭理她了。他们都说："这个女人疯了。"慢慢地，人们发现，这个女人精神出了问题，她真的疯了。

事情既然已经发生，再怎么生气也无法挽回，况且你在这里生气，骗子根本不知道，你诅咒他的话，他一句也听不到，依然过着美滋滋的生活，丝毫不受你的影响，可你却因为他变成疯子，这不是糟蹋自己吗？拿别人的错误来惩罚自己，实在是一种非常愚蠢的行为。

实际上，别人的错误就是给自己酿造的一杯慢性毒酒，你喝下去之后，毒性就会在你的体内发作，毒害你的肉体，扭曲你的灵魂。这样的毒酒该不该喝下去呢？当然不能喝，连接都不能接。而那些生气的人，就是主动把这杯毒酒抢过来，心甘情愿喝下去的。

英国首相迪斯雷利曾经说过："为小事生气的人，生命是短暂的。"假如你真的读懂这句话，你就知道为那些鸡毛蒜皮的小事生气根本不值得，它们只会浪费你的时间和精力。与其把时间浪费在生气上，不如想想怎样经营好自己的生活。拿别人的错误来惩罚自己，带着不良的情绪生活，只会把我们的生活搞得一团糟。相反，如果我们能够换位思考，宽恕别人的错误，不去刻意追究，那么，我们的生活一定会轻松、愉快，而且丰富多彩。

一位禅师酷爱兰花，花了半生心血来种植兰花。有一天，他要外出云游，走之前嘱托弟子好好照顾寺里的兰花。

禅师走后，弟子精心照顾兰花，但有一次在浇水的时候不小心把花架碰倒了，所有的兰花盆都摔碎了，兰花散落一地。弟子诚惶诚恐，打算等师父回来后，接受师父的惩罚。

谁知道，禅师回来听说这件事以后，不但没有责怪弟子，反而心平气和地说："我种兰花，一是为了供佛，二是为了装点寺院，而不是为了生气才种它的。"

说得真好！禅师之所以看得开，是因为他不计较兰花的得失。生活中，如果我们都能像禅师这样，对别人少一些计较，多一些宽容，就不会因为得失而生气，自己跟自己较劲。

加措活佛说：不要拿别人的错误来惩罚自己，因为不值得；不要拿自己的错误去惩罚别人，因为当你伤害别人时，自己也会再受到伤害；不要拿自己的错误来惩罚自己，孰能无过，犯了错不要紧，认真找出原因，吸取教训，改了就好。记住这几句话，你将终生受益。

把仇恨写在沙滩上

甲、乙、丙三个人一同外出旅行。一天，三个人走到一个大峡谷前，甲不小心差点滑入谷底，幸亏乙伸手拉了他一把，救了他一命。甲非常感激乙，就在他获救的地方找了一块石头，在上面刻下一行字："某年某月某日，乙在这里救了甲一命。"

刻完后，三个人继续往前走。次日，他们来到大海边。甲和乙因为误会争吵起来，乙一怒之下打了甲一个巴掌。甲没有还手，只是在沙滩上写下一行字："某年某月某日，乙在这里打了甲一个巴掌。"

丙把一切都看在眼里，后来他忍不住好奇，问甲："为什么乙救你的时候，你把字刻在石头上，而他打你的时候，你把字写在沙滩上？"甲答道："在石头上刻下那行字，是为了永远记住乙的救命之恩；在沙滩上写下那行字，是希望我们的矛盾很快被潮水冲走。"

把感恩刻在石头上，感谢别人帮助过你，永远铭记，这是人生的一种境界；把仇恨写在沙滩上，忘掉别人伤害过你，让所有的怨恨随潮水一去不复返，这也是一种人生境界。

人活在世上，不可避免要与人相处，哪怕过着世外桃源般的生活，也照样如此。人与人相处，难免发生磕磕碰碰。即便是亲人和最好的朋友之间，也常常发生摩擦。如果有一点矛盾，就铭记在心，时刻念念不忘，除了给别人留下小心眼的印象外，你将一无所获。仇恨别人，一心想着报复的人，是永远都不会快乐的。

某秀才在集市上摆摊卖字画。一天，当地县令的儿子在众人的簇拥下来到他的摊前。秀才认识这个衣冠华丽的孩子，他父亲当年就是被这个县令欺辱和迫害致死的。秀才心里翻涌着仇恨的情绪，但孩子对这一切并不了解。

秀才的一幅花鸟画吸引了孩子，他在这幅画前停留了许久，想要买下来，可秀才却说不卖，把画收了起来。孩子回家后，因为对那幅画难以忘怀，落下了心病，日益憔悴。

后来，他的父亲出面，欲以高价购买那幅画，但秀才宁愿将画尘封起来，也不愿卖给县令。秀才认为，父债子还，他这样报复是理所应当的。

很快，他便听到孩子的死讯。但秀才并没有因此快乐起来，相反地，他每天梦到孩子天真无邪的笑脸，良心受到谴责，终日痛苦不堪。

冤冤相报何时了，得饶人处且饶人。秀才因为心中埋下仇恨的种子，任其生根发芽，自己整天生活在复仇的痛苦中，即使最后得到想要的结果又怎样？失去的已经永远失去，不会因为报复别人而重新获得，即使能够重新获得，以伤害别人得来的东西会让你的良心受到谴责。莎士比亚说过：“不要因为你的敌人燃起一把怒火，就让心中的烈焰烧伤自己。”

1964 年 6 月，46 岁的曼德拉因为反对种族隔离制度，被当局判处终身监禁，在开普敦西北海面的罗本岛上度过了长达 18 年的牢狱生活。在此期间，曼德拉受尽虐待。

刚上岛那天，狱警就让他们在刺骨的寒风中脱光衣服，穿上新囚衣和短裤！在潮湿、狭窄的牢笼里，曼德拉为了不被冻醒，只好穿着衣服睡觉。每天早上，他们都会被狱警赶到采石场，用尖镐和铁锹挖石灰石。每个人仅仅因为斜视别人一眼，就会被剥夺吃饭的权利，甚至狱警喝醉了酒，也会把他们吼起来，脱光衣服冻上一个晚上。

1992 年，在熬过漫长的牢狱之灾后，曼德拉终于获得了自由。此时，他已经是 72 岁高龄的老人。半个月后，当他来到暴力冲突最严重的城市德班，面对群情激愤的黑人时，人们听到的不是他的仇恨宣言，而是“把长矛扔到大海里”的真诚呼吁。

4 年后，曼德拉当选南非总统。在就职典礼上，当希拉里向曼德拉请教，如何在残酷的政治斗争中保持一颗宽容的心时，曼德拉意味深长地说：“当我走出囚室，迈向通往自由的监狱大门时，我已经清楚，自己若不能把悲痛与怨恨留在身后，那么，我其实仍在狱中。”

仇恨就像牢笼一样囚住你的心灵，如果你抓住它紧紧不放，那么你将永远待在里面。从这个意义上讲，忘记仇恨就是对自己的一种救赎。世界上没有完美的人，每个人都有可能犯错。如果人人都喜欢记仇的话，这个世界早就天下大乱了。

记住，你怎样对待别人，别人就会怎样对待你。所以，当你对别人有成见时，不妨先把它放下，如果不舒服，可以找个地方发泄一下，最好把仇恨写在沙滩上，让自己忘掉，多发现别人身上的优点和长处，对别人好一点，这样别人也会对你好一点。

马上深呼吸

呼吸是人类的本能，人们一出生就会呼吸，也许是因为它太寻常，我们甚至感觉不到它的存在。呼吸的自然和畅快淋漓，让我们很少主动去探寻呼吸的方法，以及除维持生命以外的其他功效。尤其是深呼吸，更是意义非凡，却很少有人主动去这样做。在日常生活中，我们经常看到有人因为极端愤怒或过度悲伤，导致呼吸急促，甚至晕倒过去。这时，如果当事人能够及时、主动地调整呼吸，利用深呼吸的方法是可以让自己平静下来的。

现代医学证明，深呼吸能够有效缓解疲劳和疼痛，防止肌肉痉挛。通过一呼一吸，最大限度地排出体内的浊气及其他代谢产物，吸入更多的新鲜空气，增加血液中的含氧量，改善脏器的功能。不仅如此，深呼吸还能消除焦虑，有效地防止不良情绪的产生。

很多医学专家都建议人们通过深呼吸来控制情绪，这早已被实践证明是行之有效的。深呼吸时，通过与外界的氧气交换，能够使人的心跳减缓，血压降低，转移人们在压抑环境下的注意力，提高自我意识。一个懂得深呼吸的人，能够在焦躁不安时让自己安静下来，保持镇定，排除压力，缓解烦恼，最终作出理性的选择。

深呼吸看似简单，其实是一门学问。它有很多技巧，如果呼吸不到位，就无法实现理想的效果。下面介绍一种许多专业人士推荐的深呼吸方法。

首先，要做一些准备工作。你可以身着宽松的衣服，进入一个安静的环境中。然后，以最舒服的姿势坐下来，双肩放松，头稍微低垂，目视前方，适当舒展一下身体和头部。两只手放在大腿上，互不触碰。两脚稍微分开，使身体感到舒适。

然后，开始深呼吸的训练。刚开始，双臂和双腿都要尽量伸展，手脚同时用力，让自己有稍稍颤抖的感觉，然后再猛地松劲，使全身的肌肉立即松弛下来。之后，合上双眼，重复刚才的动作。在松劲的一瞬间，做腹式深呼吸，张开嘴巴最大限度地吐出腹中气息。稍事片刻，再从鼻孔慢慢吸入新鲜空气，吸饱为止。这时，再次停止呼吸一二秒，张开嘴巴，小腹向内收，将腹内的气息缓缓吐出，吐尽为止。随着深呼吸完成，呼吸也慢慢平稳下来，这时在头脑中会出现一个在练习之前选好的愉快场景，所选的场景很重要，可以是以前经历过的幸福瞬间。当愉快的场景出现时，可以伴随着呼吸，心里默念："我的心里很安静。"这样重复几遍之后，你的头脑就会冷静下来，相应地，你的情绪也会平稳下来。

需要注意的是，做腹式深呼吸时，每次的时间不宜太长，以 10 ~ 15 分钟最佳，早起、午饭后和睡觉前进行训练。只要掌握好要领，这种方法就能有效缓解你的不良情绪。

当然，有时候负面情绪来得太突然，我们来不及准备，这时不妨做一做简单的深呼吸。

如何避免开车情绪失控

随着驾车族日益壮大，加之路面拥堵，因为开车诱发心理问题的人越来越多。很多平时脾气很好的人，一开车上路，情绪就容易失控，好像完全变了个人：遇到堵车，马上焦躁地狂按喇叭；看见行人乱穿马路，嘴里忍不住骂骂咧咧；看到别人没按自己的心意开车时，立刻边骂边指点；一旦被人超车，忍不住较劲飙车，甚至还有打人的冲动。

心理学专家武志红认为，开车之所以容易发怒，是因为大多数人都有控制欲，希望事情都按自己的想法实现。而汽车是最能实现人们控制欲的东西之一，它会彻底听命于你，不会违背你的意志。不幸的是，马路上的任何一种意外，都会打破你的控制，引发你的愤怒。

小月是一家公司的白领，上个月刚买了辆新车，每天开车上班。这原本是一件很开心的事，可她发现一向急脾气的自己，开车时更容易情绪失控。

从家里出发到公司，路上大约需要两个小时的车程，可每次开到三环路时，就会被堵在路上，一堵就是一个钟头。这天早上，眼看上班时间就要到了，自己还在蜗牛似的爬行，她气得直按喇叭，前车的人听到她催促，把头伸出窗外，骂道："按什么按？没看到前面堵着吗？"本来那人说得没错，可正在气头上的她，听到别人的斥责，忍不住说了句："你不挡道，就让开！"就这样，两个人对骂起来。

过了一会儿，终于不堵了，她赶紧往前冲。没想到，后面的车也着急，紧贴着她的车身超了过去，险些蹭到她的车。本来心里就有气，又被人超车，小月气不过，一脚油门嗖地冲出去，超过刚才那辆车，谁知那辆车也不服气，再次超过她。这样反复几次，他们都因为超速被交警拦了下来，并开了罚单。

事后，小月发现，那天超车时，车身被刮掉了一块漆。想一想，真是后怕，如果不是被交警及时拦下，还不知道会发生多严重的事故。

像小月这种情况，就属于典型的开车情绪失控，在国外被称为“路怒族”。想知道自己是不是“路怒族”吗？不妨做做下面的测试。

当你开车身陷拥堵时，会不会突然加速或刹车？会不会猛按喇叭或打闪灯？会不会强行切入别人的车道或故意阻挡别人进入自己的车道？会不会忍不住对自己发火或对其他司机出言不逊，甚至情绪失控到有打人的冲动？

如果你具备其中的至少两条，那么恭喜你，你已经成为一名“路怒族”。

带着情绪开车很危险，因为一旦情绪失控，很容易做出一些不理智的举动，很多交通事故就是在情绪的诱导下发生的。那么，如何才能避免开车情绪失控呢？

①尽量早出门，错开高峰期。很多“路怒族”就是因为路上着急导致情绪失控的，如果能错开上下班高峰期，就能避免遇到堵车。开车畅通无阻，心情自然也就畅通无阻。

②听音乐。上车就把音乐打开，为自己营造一种轻松愉快的氛围。堵车时，还可以跟人聊聊天，或听听广播什么的，这样心情就不容易焦躁、烦闷了。

③深呼吸、心里默念数字。当心情烦躁想发火时，不妨闭上眼睛深呼吸，然后在心里默默念着数字。抛开一切杂念，使自己的大脑暂时回避眼前的状况，慢慢获得平静。

④把车内布置得舒适些。车内环境要经常换一换，环境不同，心情自然也就不一样。例如，可以改变车内的色彩，用淡绿或浅蓝等冷色调装饰爱车，以缓解紧张的情绪。也可以在车里挂一些让自己心情愉悦的饰物，如笑脸娃娃。开车时心情很重要，不同的心情会有不同的驾驶方式。一旦心情好了，自然会多替别人考虑。当你心情不好或有急事需要赶路时，遇到问题往往会首先考虑自己，这就容易引发急躁情绪。

⑤换位思考。堵车已成为城市交通的常态，作为车主，我们改变不了这种现状，唯一可以做的就是学会在堵车时去享受这段时间。看到行人或其他车辆的违法行为时，不妨换位思考一下，想想自己是否也曾有过这样的行为，这样对别人就会多一分理解和宽容。

带着情绪开车，是对自己生命的不负责，也是对别人生命的漠视，如果时刻把敬畏生命放在第一位，就能克制住自己，再参照以上方法，使自己的情绪得到合理的宣泄，不让消极情绪滋生、蔓延，就能避免发生不必要的悲剧，使自己出门有个好心情，快乐一整天。

CHAPTER FOUR

战胜悲观

第四章

- 你有抑郁症吗
- 换个角度看问题
- 凡事要往好处想
- 把失败当作机会
- 泥泞的路才能留下脚印
- 一切都会过去
- 永远不要放弃希望
- 总有一扇窗为你打开
- 把垃圾踩在脚下
- 想办法让自己笑
- 远离那些爱抱怨的人
- 如果你错了,就马上承认
- 当你情绪低落时,怎么办

你有抑郁症吗

近些年，随着人们工作和生活压力的增大，抑郁症在不知不觉中已超越其他疾病，成为威胁现代人身心健康的第一号杀手。那些心理素质差、情感脆弱的人最容易患抑郁症，因为心理问题是引发抑郁症的重要原因。下面这20道题，经实践证明被认为很准，根据你选择的答案，便可判断出你是否具有抑郁倾向。

1. 早晨是你一天中心情最好的时候？

A. 偶尔（4分）B. 少有（3分）C. 常有（2分）D. 持续（1分）

2. 你有想哭或者将要哭的感觉吗？

A. 偶尔（1分）B. 少有（2分）C. 常有（3分）D. 持续（4分）

3. 你有没有感觉情绪低落的时候？

A. 偶尔（1分）B. 少有（2分）C. 常有（3分）D. 持续（4分）

4. 你做事的时候有没有感觉到困难？

A. 偶尔（4分）B. 少有（3分）C. 常有（2分）D. 持续（1分）

5. 你晚上的睡眠质量不是很好？

A. 偶尔（1分）B. 少有（2分）C. 常有（3分）D. 持续（4分）

6. 你吃饭跟平常一样多？

A. 偶尔（4分）B. 少有（3分）C. 常有（2分）D. 持续（1分）

7. 你觉得体重比以前下降？

A. 偶尔（1分）B. 少有（2分）C. 常有（3分）D. 持续（4分）

8. 你因为便秘而感到苦恼？

A. 偶尔（1分）B. 少有（2分）C. 常有（3分）D. 持续（4分）

9. 你无缘无故地感到疲惫？

A. 偶尔（1分）B. 少有（2分）C. 常有（3分）D. 持续（4分）

10. 你的性功能完全正常？

A. 偶尔（4分）B. 少有（3分）C. 常有（2分）D. 持续（1分）

11. 你的头脑很清晰?

A. 偶尔(4分)B. 少有(3分)C. 常有(2分)D. 持续(1分)

12. 你仍然喜欢平常喜欢的东西?

A. 偶尔(1分)B. 少有(2分)C. 常有(3分)D. 持续(4分)

13. 你总是坐卧不安,无法让自己平静下来?

A. 偶尔(1分)B. 少有(2分)C. 常有(3分)D. 持续(4分)

14. 你最近的心跳比平时快?

A. 偶尔(1分)B. 少有(2分)C. 常有(3分)D. 持续(4分)

15. 你对未来充满希望?

A. 偶尔(4分)B. 少有(3分)C. 常有(2分)D. 持续(1分)

16. 你认为自己有用或总是在工作和生活中扮演主要角色?

A. 偶尔(4分)B. 少有(3分)C. 常有(2分)D. 持续(1分)

17. 你比平时更容易为小事抓狂?

A. 偶尔(1分)B. 少有(2分)C. 常有(3分)D. 持续(4分)

18. 你有过自己死了别人会活得更好的想法?

A. 偶尔(1分)B. 少有(2分)C. 常有(3分)D. 持续(4分)

19. 你认为做决定是一件很容易的事情?

A. 偶尔(4分)B. 少有(3分)C. 常有(2分)D. 持续(1分)

20. 你觉得生活非常有意义?

A. 偶尔(4分)B. 少有(3分)C. 常有(2分)D. 持续(1分)

测试结果分析

抑郁严重程度 = 各题目累计得分/80

0.5 以下:恭喜你,你很健康,没有抑郁倾向。

0.5 ~0.59:注意,你有轻微或者轻度的抑郁。要调整自己的心态,缓解乃至消除抑郁。

0.6 ~0.69:中度抑郁,你的抑郁症状有向更坏的方向发展的趋势,要重视起来,采取有效的措施,减轻自己的抑郁。

0.7 以上:重度抑郁。你有很严重的抑郁症,要提高警惕。任其发展下去,你的精神会崩溃,后果不堪设想。赶紧采用药物、心理相结合的方法进行治疗,切莫再拖延下去。

换个角度看问题

生活中，总有灾难和不幸发生，被骗子骗了，爬山不小心摔伤了腿，上公交车被人挤下来……遇到这种情况，人们总是发牢骚、抱怨，觉得自己真倒霉。抱着这样的心态开始一天的生活，无疑会感到很不顺利，好像人人都在跟自己作对，事事都在给自己使绊子，心情低落到极点，恨得直跳脚骂娘。越是这样，越是陷入一个恶性循环，把生活弄得一团糟。

其实，谁都会遇到不顺心的事情。如果能换个角度想想，生活就会充满希望和快乐。被骗子骗了钱，就当交学费买个教训，下次遇到就不会再上当受骗，以很小的损失避免更大的损失，不是很划算吗？摔伤了腿，正好可以在家休息一段时间，缓解一下工作的压力，给自己的心情放个假，利用这段时间，看看书，与亲朋好友多交流。坐公交车没挤上，说明人太多，就算挤上去，也是憋屈着，像沙丁鱼罐头一样令人窒息，说不定下一趟车很快就到，人少还有座位，多爽！塞翁失马，焉知非福，多学学塞翁的精神，心里就能获得平衡。

有一位国画大师擅长画牡丹。某人慕名要了一幅他亲手所绘的牡丹，回去之后高兴地挂在客厅，装点门面。

有一天，这个人的朋友远道而来，看到墙上的画，大呼不吉利。原来这朵牡丹没有画完整，缺了一部分，他说："牡丹代表富贵，缺了一角，不就成'富贵不全'了吗？"

此人一听，觉得有理，顿时很不高兴，气呼呼去找画家，想让他重新画一幅。

画家听了他的理由，灵机一动，告诉他："既然牡丹代表富贵，那么缺一边，不就是'富贵无边'吗？这是大吉大利呀！"

那人听了画家的解释后，觉得有理，欢天喜地捧着画回家了。

同样一幅画，因为看问题的角度不一样，心态就不一样。所以，凡事都应持积极乐观的心态，不要看什么都不顺眼，换个角度想想，就会少些烦恼和痛苦，多些欢乐和平静。

换个角度看问题，有助于你树立自信，积极乐观地面对一切。相反，凡事只看负面，你就会被忧郁打垮，什么也做不成，最终沦为失败者。

爱迪生在发明电灯之前，曾先后研究了8000多种材料，都没找到合适的灯丝。有人问他，你已经失败了8000多次，继续研究下去还有什么意义？爱迪生淡然答道：“我从来没有觉得自己失败过，相反，我发现这8000多种材料都不适合做灯丝。”

正是这种换个角度看问题的积极心态，使得爱迪生坚持不懈，最终发现适合做灯丝的材料。试想，如果他当初只看到失败的一面，觉得自己是个不受命运女神青睐的失败者，恐怕早就因为令人丧气的结果，无力也无心再做下去。

下面这个故事很有启发性：一个老太太有两个女儿。大女儿是卖伞的，二女儿是卖草帽的。每次天一晴，她就为大女儿着急，担心大女儿的伞卖不出去，而遇到下雨天，她又为二女儿忧虑，担心二女儿的草帽卖不出去。有人建议她换个角度看问题，晴天就想着二女儿生意兴隆，雨天就想着大女儿顾客盈门。这样想，心情不就好多了吗？

和硬币一样，人生也有正面和背面。也许你长得很丑陋，但你有一个聪明的头脑；也许你很贫穷，但相对残疾人而言，你拥有一个健康的身体。所以，不要总是抱怨命运不公，没有好的出身和长相，没有才华和机遇。生活就是这样，有得有失，失意时不要气馁，试着换个角度去看待它，你将会看到更加广阔的天空。

凡事要往好处想

我们一般认为，人很容易受环境的影响，环境变了，心态也随之改变。但其实，很多时候是我们的心态决定了周围的环境。面对灾难和不幸，如果你悲观失望，生活就会变得暗淡无光；如果你保持乐观的心态，凡事往好处想，生活就会变得到处充满希望和快乐。

卡耐基曾经说过：“如果我们有快乐的思想，我们就会变得快乐。如果我们有凄惨的思想，我们就会变得凄惨。如果我们有害怕的思想，我们就会感到害怕。”

有个失意的诗人独自去旅行。路上，他听到一阵悠扬的歌声，从歌声中他能感受到歌者的快乐，路过的人无不被这种快乐的声音感染。诗人也深深沉浸其中，不由得向歌声传出的方向走去。很快，他就来到一个男人跟前，看到那个男人脸上挂着迷人的微笑。

诗人从来没见过这么纯真灿烂的笑容，他断定这是个无忧无虑、没有任何烦恼的人。于是，忍不住问道：“你好，先生！从你的歌声和笑容里，看得出你是个很开朗的人，而且生活一定非常幸福，从来没经受过失败和其他痛苦的经历，烦恼也从来不曾光顾过你。”

男人听到这里，摇了摇头：“你错了，我遭受的苦难并不比任何人少，就在今天早上，我还丢失了一匹爱马，那是我唯一的财产。”

“遇到这样令人难过的事情，你怎么还能唱得出来？”诗人疑惑不解。

“我为什么不唱呢？我已经失去爱马，要是再失去好心情，岂不是要遭受双重损失？那样不是更加得不偿失吗？”诗人听了，不禁陷入沉思中。

是啊，生活的道路崎岖不平，难免有挫折和失败，也少不了烦恼和苦闷。如果一味沉浸于不如意，只会更加不如意。与其痛苦，不如快乐地活着。著名聋哑女作家海伦·凯勒曾经说过：“心里满是阳光，你就永远看不到阴影。”凡事往好处想，内心便会充满阳光，这种乐观的心态，会激发我们不断前进，永远拥有成功的信心和希望。

相反，凡事往坏处想，你就会被悲观消极的心态扼住咽喉，得不到畅快的呼吸。悲观消极的心态就像一个刽子手，总是把事情搞砸，即使是好事，它也能变成坏事。

当你好不容易找到一份工作，正准备全身心投入时，突然发现自己的工资比别人少几百块钱，于是内心开始纠结，无心做事，甚至找领导质问。如此做法不但得不到自己想要的结果，反而会给领导留下很不好的印象，他会用各种理由把你驳得哑口无言，事后还会认为你是个斤斤计较的人。从此，你便生活在压抑当中。

当你怀着善意替别人解决问题时，却因为一点小误会，被人嘲笑、讥讽。对此，你没有往好处想，认为他只是误会，迟早会澄清，而是以牙还牙，也采取抵制态度，使得原本凭几句话就可化解矛盾的两个人，突然间变成冤家死对头，为自己树立了一个敌人。

极度悲观的情绪甚至会致人死亡，因为事情还未发生，他就已经确定自己无可挽救。反之，乐观者总是假设自己是成功的，他们在行动之前，就有很大把握能够成功。

一位铁路工人被意外锁进一个冷冻车厢里，他知道被困在冷冻车厢里很危险，如果不想办法出去，肯定会被冻死在里头。几个小时后，有人打开冷冻车厢，发现他已经死了。奇怪的是，经检查发现，冷冻车厢根本就没开冷气，里面的温度保持在15摄氏度左右，而且车厢里也有足够的氧气，可工人确实是被“冻”死了。

经过医学家分析，得到的结论是：他并非死于冷冻车厢的温度，而是死于自己心中的冰点。他确信自己在冷冻的情况下无法活命，这种消极的情绪困扰着他，使他极度恐惧，没有了活下去的信心。其实，如果他当时能够乐观一点，往好处想想，就不会白白送命。

再来看下面这个案例：

有两个人在沙漠里行走，每个人怀里都揣着一个苹果。其中一人想：“我太倒霉了，这么多天还没走出去，眼看所有的东西都吃光了，就剩这最后一个苹果，吃完了照样还会渴死饿死，还不如现在就死掉算了。”说完，他倒在地上死了。而另一人想：“我起码还有一个苹果，不至于被渴死饿死，还有希望。”于是他坚持下去，终于走出了沙漠。

实验证明，在逆境中仍然能够保持良好心态的人，比那些悲观消极、只知道埋头痛哭的人更容易摆脱眼前的困境。所以，人应该时刻保持良好的心态，凡事多往好处想，增强自信心，冷静对待，风雨之后总会迎来彩虹。

把失败当作机会

失败对很多人来说是个不吉利的字眼，没有人想跟失败捆绑在一起。所有人都想成功，但失败却是不可避免的。成功也许只有一次，可失败却有无数次。如果你认真研究历史上那些伟大人物的成长经历，就会发现：大多数人的成功之路都是由失败的石子铺就而成的。

山德士上校是一名军人，退伍后身无分文，每个月靠领救助金维持生活。山德士上校有一个炸鸡的秘方，他决定向食品公司推荐他的秘方，可没有一家肯接受这个衣衫褴褛的人的秘方。山德士没有灰心，经过1001次努力，他终于得到一家食品公司的认可。之后短短一年半内，他连续开了300家连锁店，深受人们的喜爱，这就是著名的肯德基店。

为什么山德士上校能够成功呢？原因很简单，他没有被失败击倒，也没有把失败当成结果，而是坚持不懈，努力实现自己心中的目标。

很多人把失败当成洪水猛兽，不管做什么事情，都极力避免失败，稍有点挫折，就惶恐以对，却不知这样反而容易招致失败。与其惶惶不可终日，不如专注做事，坦然面对，不惧失败，这样成功的概率反而更大。退一步来讲，就算失败了，因为心态良好，也不会过度悲伤，稍作调整，就能很快从失败的阴影中走出来，重新开始。很多人之所以屡败屡战，就是因为他们没有把失败当成终结，而是当成一次机会，越挫越勇，才最终取得成功的。

古罗马一位将军与埃及人作战，结果惨败而归，逃回罗马。皇帝不但没处死他，反而又给他一支军队，让他赶赴前线继续作战。众朝臣见状，纷纷站出来反对，他们认为此人既然已经失败，就不值得再信任。皇帝问："为什么不值得再信任？"大臣们回答："因为他失败过。"皇帝说："这恰恰是我信任他的原因。"不久，就从前方传来这位将军获胜的消息。

俗话说：失败是成功之母。失败往往比成功更让人受益。成功的时候，人们被胜利冲昏了头脑，一心想着如何庆祝，无法心平气和地总结原因，而失败会给人带来心灵上的震撼和深刻记忆，让你不得不停下脚步，审视自己的行为，查找失败的原因，总结失败的教训，并且重新整理思路，找出正确的方向，避免以后再犯类似的错误，为成功打下基础。

失败就失败了，没必要为此烦恼，更不必为此自责。失败不是你的错，也许只是方法不对或者选择不正确，需要改变观念。失败会提醒你，让你重新寻找方法，从而离成功更近一步。失败是通向成功的必经之路，不要认为自己是个彻头彻尾的失败者，你只不过还在路上而已。如果把一时的失败牢记心头，让负面情绪笼罩你，那么失败将成为你最终的归宿。

失败不能摧毁你，能摧毁你的只有你自己，因为当你用失败的心态来面对人生时，你会看花花落泪、看鸟鸟惊心，而当你把失败当成下一次成功的机会时，你会以自信的心态面对一切，找到更好的方法来实现梦想，也会选择更好的方式来解决你目前遇到的问题。

名医李时珍曾经3次落榜，但他从失败中找到了自己的出路，弃考从医，终于写就医学巨著《本草纲目》；小仲马在写作初期经常遭到退稿，可他并没有气馁，而是再写再投，不断加强自己的文学功底和素养，终于写出《茶花女》这样享誉世界的名著。古今中外，但凡事业上有所成就的人，成名之前都曾经历过无数的失败和磨难。但他们并没有因此消沉，而是把失败当成一次机会，最终通过不懈的努力，站在了普通人不能企及的高度上。

所以，当你遇到困难时，要对自己说："这是个开始，是创造成功的机会。"只有这样，你才会觉得命运掌握在自己手中，才敢于不断挑战自我。当你信心满满地看待失败时，失败就变成了机会，你会以征服者的姿态看待它，因为在征服者眼中只有机会，没有失败。

泥泞的路才能留下脚印

生活就像一条路，有时平坦，有时泥泞。每个人都希望走平坦的路，这样不费劲。泥泞的路走起来很吃力，还会弄得满身是泥，但这样的路往往最能给人留下深刻的印象。

鉴真刚剃度做和尚时，只不过是寺庙里的一个行脚僧。一天，太阳已经升得很高，鉴真还在睡大觉。住持把他叫醒，问他为什么睡懒觉。鉴真说："难道穿一堆破烂芒鞋，就能成为弘扬佛法的一代名僧吗？我还不如给庙里省几双芒鞋呢。"住持听他这么一说，立刻明白是怎么回事，当即把他领到寺前的大路上。

路面是黄土坡，昨晚刚下过一场大雨，路面泥泞不堪。鉴真从上面艰难走过，住持问他："你能找到刚才留下的脚印吗？"鉴真说："当然可以。"住持笑道："那你能找到昨天走这条路时留下的脚印吗？"鉴真疑惑地说："昨天没下雨，这条路又平又硬，怎么可能留下脚印呢？"住持听了，意味深长地说："泥泞的路才能留下脚印呀！"鉴真听了，立刻顿悟。

从此，鉴真每日刻苦研习，走过无数坎坷、泥泞之路，终于成为一代高僧。

泥泞之路是困难、挫折、磨难和逆境的代名词，没有经历过泥泞之路的人，其心智不能算成熟，其阅历不能叫丰富，他们的一生也许很顺利，但是波澜不惊，很难有大的作为。

孟子曰："天将降大任于斯人也，必先苦其心志，劳其筋骨，饿其体肤，空乏其身，行拂乱其所为，所以动心忍性，增益其所不能。"一个人如果没经历过磨难和坎坷，就不可能做成大事。在这个世界上，凡是有作为的人，大都是从泥泞中走出来的。

并不是每一种灾难都是祸，早临的逆境往往是福。贝多芬一生坎坷，没有建立家庭，20 多岁时失聪，但这并没有难倒他，反而成为他灵感的源泉，由此创作出许多世界名曲。日本心理学家森田正马是严重的神经症患者，但他并没有屈服，坚持与命运作抗争，最终发明了森田疗法……那些伟大的人，他们生命中最痛苦的事最后都变成了他们最重要的财富。

只有走过泥泞的人，才能学到更多的东西，温室里的花朵之所以脆弱，是因为它们没经历过风吹日晒、寒霜浸渍。野外的小花，看似脆弱，却因为接受了大自然无情的洗礼，所以无论在多么严酷的环境中，都能够扎根于尘土，依靠顽强的生命力，开遍每一个角落。

人生又何尝不是如此？一个在父母精心呵护下长大的孩子，没有经历过磨难的洗礼，感情娇嫩，心理脆弱，遇到一点事情，就感觉天都要塌了似的，马上求助于父母，或者自己走进死胡同，以最无能的轻生来结束自己的生命。生活中经常可以看到这样的例子，有的年轻人因为被自己喜欢的人拒绝就想不开，自寻短见。有的年轻人仅仅因为考试失利，就觉得生命已经不可留恋。还有的年轻人因为工作不顺心，纵情于声色犬马，糟践自己的身心。这些年轻人经历的磨难少，对突如其来的灾难总有泰山压顶之感，完全没有承压能力。

这并非为磨难歌功颂德，毕竟谁也不希望磨难找上门来。但是，当磨难不可避免地来临时，就要怀着一颗积极的心，坦然地接受它，让它给以教化和启迪。否则，你就会被磨难打败，失去人生的方向。托尔斯泰说过："当苦难来访时，有些人跟着一飞冲天，也有些人因之倒地不起。"只有积极对待，磨难才会被你打败，授予你知识。反之，消极对待磨难，磨难就会把你吞噬，置你于死地。记住，当你对着磨难摇头，就无权在胜利面前点头微笑。

一切都会过去

有一个国王，曾经梦见上帝对自己说了一句非常有哲理的话，可是醒来后却怎么也想不起来。于是，他召集全国的智者挑选最富有哲理的话。智者们花了好几年时间，挑选出一屋子的书，国王说太多了。于是，智者们又用了几年时间，压缩为厚厚的一本书。国王说还是多。他摘下自己手上象征王权的戒指，说如果挑选出来，就把那句话刻在这上面。当国王拿到戒指后，发现上面写着一句话："一切都会过去。"

想一想，这句话确实饱含人生哲理。不管你拥有多少财富或者名利，也不管你是喜悦还是忧伤，总有失去的一天，最重要的是我们如何看待它。

人最大的敌人就是自己。同一件事，想得开是天堂，想不开是地狱。要想拥有好心情，首先就得战胜自己。凡事要想开一点，千万别跟自己较劲，是你的，永远都是你的；不是你的，无论怎么争取，都不会属于你。平静接受失去的一切，幸福就会随之而来。

曾经在报纸上看到过这样一个女子，在汶川地震时，她用自己柔弱的身体掩护丈夫，使他没有受到一点伤害，而她自己却从此失去了双腿。可恨的是，丈夫脱离危险后，竟然看都没看她一眼，后来又跟别的女人结了婚。当她接受采访，说起这些伤痛时，好像是在讲述一个别人的故事，她笑着说："世上没有什么是过不去的，时间会慢慢冲淡一切。"

多么令人可敬的女子！虽然命运对她很残酷，但她的内心却是快乐的，因为她懂得一个朴实的道理：一切都会过去的。人生如白驹过隙，稍纵即逝，不管好的还是坏的，没有一件东西是可以永恒不变的，包括阳光和阴霾、温暖和寒冷、贫穷和富足、欢笑和泪水……艰辛的时候不要绝望，因为困境会过去；成功的时候不要得意，因为辉煌会过去。

人最容易身陷名利场，为了追逐身外之物，不惜弄得自己身心俱疲，有的人甚至为了名利陷害、打击别人，到头来自己也跌入万劫不复的地狱。等一切烟消云散之时，这些利欲熏心的人会作何感想呢？会不会为当初的鬼迷心窍而后悔不迭、抱憾终生？

命运有时总是跟你开玩笑，当你苦苦追索的时候，怎么也得不到，只能望洋兴叹；而当你渐渐淡忘了的时候，突然有一天，它又会降临到你身上。因此，无论你是否能得到它，请记住：一切都会过去。只有摆正心态，不去刻意追求，你才会变得快乐。

有一群年轻人四处寻找快乐，却遇到许多烦恼和痛苦。最后，他们找到苏格拉底，问道："为什么我们寻找快乐，得到的却是痛苦，快乐究竟在哪里？"

苏格拉底没有正面回答他们，只是淡淡地说："你们先帮我造一条船吧。"

年轻人疑惑不解，但还是答应了。他们把寻找快乐的事暂时搁置起来，然后找来做船的工具，花了50天锯倒一棵大树，挖空树心，造出一条独木船。看到自己的劳动成果，他们尽管很累，却很高兴。当晚，他们相约庆祝一番，已经把寻找快乐的事忘得一干二净。

第二天早上，他们把船弄到江边，让苏格拉底查看。苏格拉底非常满意。于是，大家把船推到水里，登上木船，一边划桨，一边唱歌。

这时，苏格拉底突然问："孩子们，你们感到快乐吗？"

"快乐极了！"他们异口同声地答道。

"那你们找到自己想要的答案了吗？"苏格拉底问。

这时，年轻人才恍然大悟。

"其实快乐不用刻意去寻找，它就在我们每个人身边，只要你们融入生活，有目标、有追求地去做一件事情，并做好每一件事，那么快乐就会如约而至。"苏格拉底解释说。

生活就是这样，当你挖空心思去寻找、去追求时，不一定能得到，而当你放下杂念，认真做每一件事情时，反而会轻易得到你曾经特别想要的东西。

永远不要放弃希望

在失败面前，有两种截然不同的人生态度。有的人乐观对待，有的人却受不了。能扛下来的人不是因为他们有多大本事，而是因为他们心中有美好的希望，这种希望让他们内心充满自信和力量，他们憧憬美好的未来，而不是活在痛苦的失败里。

一个猎人在森林里布满陷阱。有两只小鸟不幸落入陷阱里，它们被困在两个用木头做成的囚笼里，不敢乱叫，生怕将在一旁休息的猎人惊醒。

问题是，如果不叫，就没办法向其他伙伴求救。其中一只小鸟失望至极，低声哭泣。看到囚笼外那些自由自在的小动物，再联想到自己的处境，它陷入了绝望中。另一只小鸟虽然也看到囚笼外的小动物，但它心怀希望，渴望像它们一样自由。于是，它开始在囚笼里寻找有破损的地方，最后终于找到漏洞并成功逃离，奔向它向往的自由世界。

与之相比，那只哭泣的小鸟却被猎人逮到，最后成为猎人的下酒菜。

生活中，像前一只小鸟那样悲观消极的人大有人在。有的人只不过在生活中遇到一点不顺心的事，就自甘堕落、虚度年华，那是因为他们心中没有希望。相反，有的人虽然饱受身体残缺之苦，却能够积极乐观、坚持不懈，最终苦尽甘来，因为他们心中一直怀有希望。

有个黑人小女孩，患有小儿麻痹症，腿脚不便，一直生活在忧郁和自卑的阴影中。她家隔壁住着一个在战争中失去一只胳膊的老爷爷。

有一天，老爷爷带她去广场看表演，演到高潮时，老爷爷说："我们给他们鼓掌吧。"小女孩吃惊地看着老爷爷说："你只有一只胳膊，怎么鼓掌啊?"老爷爷冲她笑了笑，解开胸膛的扣子，用手掌拍了拍胸膛："只要努力，一只巴掌也能拍响，你一定可以站起来的。"

从那以后，小女孩积极配合医生治疗，甚至趁父母不在，扔掉支架，自己试着走路。

蜕变的痛苦伤筋动骨，但她一直坚持不懈，她相信自己能够像其他孩子一样行走、奔跑……11 岁那年，她终于扔掉支架。紧接着，她又向更高的目标努力，她开始练习打篮球和田径运动。在 1960 年罗马奥运会女子 100 米决赛中，当她以 11 秒 18 的成绩第一个撞线后，全场掌声雷动，人们都情不自禁地站起来为她喝彩，齐声欢呼这个美国黑人女孩的名字——威尔玛·鲁道夫。在那届奥运会上，威尔玛·鲁道夫成为世界上跑得最快的女人，她一共摘得 3 枚金牌，这也是第一个黑人奥运女子百米冠军。

人生最可悲的不是失去四肢，而是没有生存的希望！人们经常抱怨什么也做不来，但如果只记挂着想拥有或欠缺的东西，却不懂得珍惜所拥有的，那根本改变不了问题。

所谓希望，就是当你被生活剥夺得一无所有时，唯一可借此翻身的本钱。当你身处悬崖峭壁时，不要放弃希望，要对一跃登天抱有幻想；当你身处茫茫大海时，不要放弃希望，只要有一线生机，就要做百般努力；当你遭受不白之冤时，要相信终有一天会真相大白。

那些对任何事情都不抱希望的人，如同一具行尸走肉，注定不会成功。在逆境中放弃希望，不想办法自救，让眼泪和痛苦浸泡自己，这无异于自杀。懦弱的人稍微遇到点挫折就自暴自弃，放弃希望，失去生活的动力。勇敢的人无论何时，心中都充满希望，越挫越勇。

总有一扇窗为你打开

有人说，上帝关闭一扇门，就一定会为你打开一扇窗。很多人看不清这一点，当一扇门被关闭时，就感到末日来临般的恐慌，于是选择以消极对待人生。有人在破产时，选择结束生命；有人在高考失利时，选择堕落沉沦；有人在恋爱受到挫折时，选择报复社会。

他们或许心理有问题，但最重要的是他们对人生失去了信心，以为自己的道路被堵死，被关在一个房门锁死的密室里。可是他们忘了，就算门锁住了，还有窗户，只要肯抬头，就会发现四面的窗户，总有一扇是为自己打开的。遗憾的是，他们没有给自己这个机会。

有一个日本小姑娘，从小嗓音沙哑，同龄人都因为她的嗓音难听不愿接近她。但是，这个积极乐观的小姑娘却在努力寻找每一个展示自己的机会。

终于有一天，她争取到一个社团演出的机会。演出当天，日本知名漫画家藤子不二雄恰好在现场，看到了这个小姑娘演的话剧。小姑娘奇特的嗓音很快吸引了他，他一直在为动画片《机器猫》中的主人公物色配音演员，而这位嗓音有点沙哑的小姑娘让他如获至宝。

最终，小姑娘果然不负众望，以她独特的嗓音为这部动画片添色不少。很快这部动画片便流行开来，而小姑娘也成为妇孺皆知、人人争相模仿的天才配音演员。

这个故事告诉我们，只要不放弃希望，就不会失去成为胜利者的机会。

天上不会掉馅饼，机会总是属于那些有所准备的人。如果那个嗓音难听的小姑娘自暴自弃，不去努力争取社团演出的机会，她恐怕只是一个普通的女孩，甚至有可能因为自卑不愿意开口，逐渐变得闭塞，不愿与人接触，最后失去生活的信心。

一块地总有一粒种子适合它，也终会有属于它的一片收成。你做生意失败了，说明你不适合做生意，可以选择别的职业，比如你的口才很好，不妨去当个演说家，说不定会开创出一个新的充满希望的局面；你高考失败了，还可以选择复读，或者学一门手艺，说不定比那些考上了大学的人更早获得成功；你失恋了，说明你跟她在一起不合适，这是在向你发出一个信号，让你寻找其他更适合自己的人，说不定你的幸福生活将由下一个恋人开启。

虽然尝试了，可能实现，也可能实现不了。但如果不去尝试，就肯定实现不了。因为有时候，那扇窗可能虚掩着，还得凭借你的勇气和智慧去推开它。

有兄弟两人住在一起，早出晚归。每天晚上回来都是哥哥开门，弟弟从不过问此事，时间久了便成为习惯。有一天，哥哥比弟弟晚回来一会儿。当他到家后，发现弟弟静静地坐在门前，等着哥哥开门，他说自己没带钥匙。哥哥轻轻一推，门开了。这时，弟弟才知道原来哥哥从来就没有锁过门。长期养成的依赖心理，使他从没想过自己试着去推一下门。

人生有时候就是这样，上帝关上一扇门的时候，未必打开另一扇窗，他会让那扇窗虚掩着，等待人们去推开。但现实中，很多人没有推窗的勇气，或者他们根本就没有想过要去推窗。正因为如此，才有人在绝望面前丧失斗志，如果自己不去采取行动，作出改变，光等着别人帮助或者上帝拯救，那么，他永远无法推开那一扇通向光明的窗。

美国总统奥巴马曾经说过：“如果这个世界上有上帝，那么他能帮助我们的时候也只有在我们改变自己之时。”可见绝境中，不但要提醒自己总有一扇窗是为自己打开的，更要提醒自己，需要用自己的力量才能打开这扇窗。

把垃圾踩在脚下

有一头驴，不小心掉进一个废弃的枯井里，井很深，无论它怎么挣扎也爬不上来。主人觉得这是头老驴，没打算花力气去救它，想让它自生自灭。

一开始，老驴对求生也不抱希望，更糟糕的是，每天还有人不断往废井里倒垃圾，老驴很生气，埋怨自己倒霉，死都不能死得舒服些。可是，没有人会关注它的抱怨。

就在所有人都认为这头老驴会死在枯井里时，突然有一天，它改变了对垃圾的态度。因为老驴发现每天把垃圾踩在脚下，就不会被垃圾淹没，而且还能从里面找到一些维持生命的食物。渐渐地，它踩在脚下的垃圾越来越高，终于有一天，它又回到了地面。

人生不可能一帆风顺，总会有摔倒的时候，虽然你无法避免，但要不要站起来，却完全取决于你自己。就算生活给你的是垃圾，你同样能把垃圾踩在脚下，站上世界之巅！

也许在这个讲圈子的社会里，你不善言辞，不会推销自己，得不到别人的赏识，于是开始抱怨生活。如果这样想，你注定只能默默无闻，一事无成。这个世界上不善言辞的人多的是，有些人甚至脾气古怪，令人无法忍受，但他们照样取得了辉煌的成就。如果他们埋怨生活对他们不公，向他们倾倒垃圾，他们就不可能成功。一个不善言辞的人，虽然圈子小，应酬少，但正因为如此，他们有更多的空闲时间，可以用来读书、学习。如果你能在别人觥筹交错、拉帮结派时，学到更多的技能，终有一天你会成为人人羡慕的行家里手。

有兄弟两人，毕业于同一所大学，后又被同一家公司录用。哥哥能说会道，人际关系搞得不错，三天一小应酬，五天一大应酬，在公司混得风生水起，很快升任部门主管。弟弟少言寡语，不爱说话，应酬也不多，但他利用闲暇时间钻研自己的软件专业，当哥哥成为主管后，他还是一个默默无闻的小职员。

3 年后，公司由于效益不好，宣布倒闭。哥哥失了业，而弟弟却因为开发出一个独特的软件项目，被好几家大公司看中，希望吸纳他为中层领导进行项目研发。

虽然生活给你的是垃圾，但只要你转变心态，转变思路，垃圾也可以变废为宝，故事中的弟弟便是化不利因素为有利因素，蓄积力量，最终登上了事业的高峰。《三国演义》中诸葛亮巧施妙计，将曹方射向己方的致命之箭，变成有力武器，就是转变思路的结果。

在美国佛罗里达州住着一个农夫，他倾其所有买下一家农场后发现，那个农场既不能种水果，也不能养猪，只有白杨树和响尾蛇能在那里生存。农夫很沮丧，感觉生活糟透了。然而没过多久，他就想到一个好办法：他决定做响尾蛇肉罐头，为自己谋利。后来，他的生意越做越大，每年都有很多游客来参观他的响尾蛇农场，这也成为他的一部分收入。

不仅如此，他养出来的响尾蛇浑身是宝，响尾蛇肉做成罐头销往世界各地，响尾蛇身上取出来的蛇毒被各大药厂收购，响尾蛇皮则被一些工厂高价买去做鞋子或皮包。他所在的村子因为他的响尾蛇而出名，后来这个村子被改名为佛罗里达州响尾蛇村。

聪明的农夫利用自己的智慧，在生活给他的垃圾中翻到宝贝，把不利因素转变为有利因素，最终获得意想不到的成功。所以，当你抱怨自身条件不好、工作没前途时，不妨想想如何把这些不利因素变成有利因素，这样你才能摆脱困境，从生活的废井中走出来。

想办法让自己笑

现代社会，竞争和生存的压力，常常让人们感到身心俱疲。很多人一回到家就躺倒在沙发或软床上，释放一天的劳累。尤其是上班族，常常把“压力山大”挂在嘴边，整天愁眉苦脸的，好像别人欠了他钱似的。其实，越是这样，越是不能减轻压力。

有心理学家专门针对上班族制定了一个“每周减压时刻表”，从周一到周末明确列出具体的减压措施。比如，周一要早起，早起精力充沛；周二做意象训练，找个安静的地方，数数字，让自己安静下来；周三想办法让自己笑一笑，获得好心情；周四把灯光调到最亮，给自己阳光般的暗示；周五要当成周一看；周末花一小时想想下周的工作等。

其实，微笑是最好的减压方式。当你愁眉不展时，只要让自己笑一笑，马上会感到浑身轻松。不信我们来做个小实验：现在拿出一面镜子，对着镜子里的自己笑一笑，你的心情是不是比刚才多了几分愉悦呢？心理学研究证明：情绪虽然能够影响人的行为，但人的行为也能够反过来影响人的情绪。如果你让自己笑一笑，你的心情会骤然不一样。

人们常说：笑一笑，十年少。现代医学认为，笑是一种常见的情绪反应，也是一种独特的运动方式，对机体来说是最好的体操，与人们的健康长寿有着十分密切的关系。笑可以增加肺的呼吸功能，清洁呼吸道，舒缓紧张的神经，使肌肉放松，有助于排忧解闷。经常微笑的人，能够以更乐观的心态去对待生活，适应生存的环境。

小镇上有一个富翁，非常有钱，可每天垂头丧气的，很不快乐。

有一天，他在路上散步，迎面碰到一个小女孩，小女孩天真地对他笑了笑。面对孩子无邪的微笑，富翁突然感到心胸开阔。为什么不高兴呢？能像这样微笑多好呀！第二天，富翁离开小镇，临走前送给小女孩一大笔钱。大家都很奇怪，问小女孩，为什么素不相识的富翁会给她巨额财富，小女孩天真地笑道：“我什么都没做，只是对他笑了笑而已。”

小女孩只用一个善意的微笑，就换来巨额财富，这看似荒谬，其实恰恰折射出微笑的力量。因为小女孩的微笑，富翁释放了压力，重新获得快乐，这是任何财富都买不来的。

苏格拉底说过：“这个世界上，除了阳光、空气、水和微笑，我们还需要什么?”是啊，笑让我们在面对生活的重担时，感到一份轻松；笑让我们在与人相处时，获得一份自信；笑让我们在被烦恼挤对得无路可逃时，冲出一条阳光大道。要想活得轻松快乐，平时就要想办法让自己多笑一笑。那么，有哪些方法可以让自己笑呢?

①跟快乐的朋友在一起。跟郁闷的人在一起，你也会郁闷，跟着快乐的人在一起，你会不自觉地跟着快乐起来。快乐的朋友往往有许多快乐的事情跟你分享，他们懂得用幽默的语言逗大家开心。多跟快乐的朋友在一起，你就能经常笑出声来。

②看漫画书。漫画书既简单又有趣，是上班族减压的有效工具。大多数漫画轻松幽默，将生活中的小事幻化成可笑的漫画，在逗你开心的同时，也能让你学到不少东西。

③听别人讲笑话。不管是冷笑话，还是热笑话，能逗人开心的都是好笑话。平时可以浏览一些笑话网站，帮自己减压。当然，最好的办法是听人讲笑话。声情并茂讲出来的效果远比干巴巴的文字强得多，笑点有时也不同。有的人长相喜庆，这本身就是笑点。

④对着镜子练习微笑。每天起床后，对着镜子露出自己洁白的牙齿，然后大声说：“我很快乐。”通过这种积极的情绪暗示，能够让你保持一整天的好心情。

⑤多想想开心的事。生活中有欢乐就有痛苦。忘掉痛苦的记忆，多想想开心的事，在轻松一笑中，放下忧愁和烦恼，点燃心中的自信和希望，让自己拥有一份好心情。

生活中，经常笑一笑能让你保持乐观的心态，办事的效率自然就高，也更容易获得成功。而且你的笑还会感染别人，让别人对你产生好感，也让你在人际交往中得心应手。

远离那些爱抱怨的人

爱抱怨是许多职场人士的通病。在办公室里，我们经常看到这样一群人，他们对工作不满，对老板不满，对自己的薪酬待遇不满，而且总是怨天尤人。这些人不但自己的工作态度消极，还影响到别人的士气，连累得大家也跟着抱怨起来。

科学研究显示：人是唯一接受暗示的动物。积极的暗示会让人产生正面情绪，有益于身心健康，同时激发人的潜能，催人奋进。与之相反，消极的暗示会让人产生负面情绪，不利于身心健康，让人变得颓废，失去前进的动力，最终沦为平庸者。每天听别人抱怨，就是在接受一种消极的暗示，抱怨会让人产生消极情绪，对前途感到渺茫。

因此，无论在工作中还是生活中，要远离那些爱抱怨的人。俗话说，跟着苍蝇你会找到厕所，跟着蜜蜂你会找到花朵。跟着爱抱怨的人，你也会变得消极堕落。

爱抱怨的人就像一味毒药，谁沾上，谁就会中毒，如果你跟他们在一起，你也会变得跟他们一样，无论对什么事情都心怀不满和怨恨，遇事只会逞口舌之快，从来不采取行动，就好像天底下所有的人、所有的事都是错的，都是不公平的，只有你是对的，是最委屈、最无辜的。久而久之，你会发现每天都生活在雾霾里，永远没了耀眼的阳光。

俗话说：物以类聚，人以群分。跟好人在一起，你会变成好人，跟恶人在一起，你也做不出什么好事来。所以，你是谁不重要，重要的是你跟谁在一起。跟爱抱怨的人在一起，你也会变成爱抱怨的人，他们会让你觉得什么事情都很糟糕。三人成虎的故事告诉我们，谎言说多了，听者会信以为真。同样的，一个人如果总是对同一件事情抱怨，就会动摇自己的信念。爱抱怨的人觉得一切都很糟糕，这种想法久而久之也会传染给你。

不仅如此，爱抱怨的人还会影响你的名声。一旦你变得跟他们一样，整天就知道抱怨，别人会认为你是一个对他们有消极影响的人，自然不愿跟你交往，你的名声从此扫地。常年抱怨的人最后可能被周围的人们放逐，因为他们发现自己的能量被这个抱怨者榨干了。

雄鹰如果长在鸡窝里，就会失去翱翔之志，人类的孩子如果被动物抚养长大，就会失去人的本性。环境对人的影响有时候是起决定性作用的。如果你身处一个抱怨的世界，耳边总有抱怨的声音聒噪，那么就算你意志再坚定，再有雄心抱负，也难免不受影响。所以，最明智的做法是远离那些爱抱怨的人！

首先，对爱抱怨的人敬而远之。要想免遭抱怨的侵袭，最好的办法就是不听那些抱怨之词，不让消极的思想进入自己的耳朵，浸染自己的思想。一旦听到别人抱怨，最好离他远远的，平常也要少跟这样的人来往。

其次，要用积极的心态对待抱怨之词。当你来不及或没办法躲避抱怨之词时，不要被抱怨牵住思想，顺着抱怨者的思路往黑暗的方向滑落。要时刻以积极的心态暗示自己，那些抱怨之词是站不住脚的。比如，有同事说周二最无聊，有一大堆工作要做，离周末还早，想休息还得等待漫长的3天。遇到这种情况，你可以在心里对自己说：周二对我来说或许是个好日子，晚上我要带女朋友去见我的父母，这是我们走向幸福婚姻的开始。

如果你错了，就马上承认

每个人都有犯错的时候，但并不是每个人都敢于承认错误，因为那需要拉下面子来，否定自己之前的行为。然而，对一个有良知的人来说，不承认错误是一种煎熬。

卢梭年少时，家里很穷，为了谋生，到一个伯爵家当佣人。伯爵家有一个侍女，有一条漂亮的丝带，卢梭老想拿来玩玩。有一次，卢梭发现家里没人，就趁机从侍女的床头拿走那条丝带，跑到院子里玩了起来。

这时，一个仆人经过，看到他手中的丝带，知道是那个侍女的，于是把这件事报告给伯爵。伯爵听了非常生气，他不允许自己家中发生这种偷偷摸摸的行为。于是，把卢梭叫到跟前，厉声追问。卢梭非常害怕，心想，要是承认丝带是自己偷的，一定会被辞退，失去生活来源，这对他当时的家庭生活无疑是当头一棒。

最后，他竟然撒了谎，说是厨房里做粗活的小玛丽偷给他的。伯爵将信将疑，把小玛丽叫过来对质。善良而温顺的小玛丽一听这事，马上泪流满面地表示不是自己偷的。然而卢梭一口咬定是小玛丽干的，并且把事情编排得跟真的似的。

伯爵更气愤了，最后干脆把卢梭和小玛丽都辞退了。当两人离开伯爵家时，一位老者对他们说："你们中肯定有一个是无辜的，而那个说谎的人将来一定会受到良心的谴责！"

老者的话果然应验，这件事真的给卢梭带来了巨大的痛苦，以至几十年后，他还在自己的自传中写道："这种沉重的负担一直压在我的良心上……常常使我苦恼，在我苦恼得睡不着的时候，便看到那个可怜的姑娘前来声讨我的罪行……"

与其备受煎熬，不如趁早承认错误。敢于承认错误的人是明智的，就算承认错误后会受到责备，也比不承认的好。因为这样做，你心理上全无负担，不会背负着良心债，让自己沉浸在痛苦中。而且主动承认错误，将别人有可能责备自己的话抢先说出来，别人反而会无话可说，在对方心里，会对你刮目相看，佩服你勇于承担错误的勇气，最终原谅你的错误。所以，一旦犯了错，就要马上承认。

作为一个领导，敢于承认错误，才能让下属感受到你的担当和独当一面的魄力，从而认可你的能力，对你产生信赖；作为一名普通职员，敢于承认错误，才能不断进步，让自己变得强大，在职位上得到提升，在人格上得到升华；作为一个丈夫，敢于承认错误，才能平息夫妻间的矛盾，促进夫妻间的感情，实现厮守终生的誓言。

当然，承认错误是很痛苦的，它需要你低下高贵的头颅，放下清高的姿态，降低自己的嗓门，对那个你不喜欢甚至很讨厌、各方面都不如自己的人说，自己在某些方面不如他，这种滋味确实不好受。尤其在大庭广众之下，承认错误更是难上加难，那等于告诉所有熟悉你的人你犯了错，并不是一个完美的人，你也有弱点和缺陷。这种感觉就好像脱光衣服赤裸裸地站在他们面前，好让他们耻笑和议论，其尴尬之情可想而知。

但如果你因为痛苦，就对自己的错误，要么三缄其口，要么死不承认，或者像案例中的卢梭那样，把错误栽赃到别人头上，极力摆脱自己的错误形象，以为这样就能洗清自己，那就大错特错了。现实生活中，权利和责任是对等的，你只有敢于担当责任，才能拥有更多的权利，一个人如果总是把自己的错误推卸给别人，最终必会因自己的错误而裹足不前。只有敢于承认错误的人，才能从摔倒的地方重新爬起来，继续大步前行。

俗话说：金无足赤，人无完人。没有人能够避免犯错，犯了错并不可怕，最可怕的是犯了错拒不承认。那些内心强大的人，那些有责任心的人，对于自己的错误绝不推三阻四，因为他们知道，承认错误虽然是一种让步，但是通过让步，你会得到错误以外的东西。

当你情绪低落时，怎么办

卓雅最近很郁闷，情绪低落，可要说具体是什么事情让她心烦，似乎又说不上来，好像这些日子以来点点滴滴的小事都是引起她烦恼的根源，跟男朋友吵架、同事在背地里说自己坏话、被妈妈逼婚……总之，没有一件是顺心的。

有时候，连走路脑子里都会冒出一件事来苦苦折磨着她。有一次，因为想心事，差点被一辆疾驰而过的车撞着，车主非但不道歉，也不关心她是否受伤，还说了些难听的话，然后扬长而去。她虽然走路不专心，可也不完全是她的错，她感觉很委屈，气得说不出话来。回到家里，索性把自己关进卧室，饭也不吃，谁也不让进来。

人难免有情绪低落的时候，尤其是在接连发生许多不愉快的小事后，这种积累起来的负面情绪更容易被激发出来。不过，如果像案例中的卓雅一样，遇到不顺心的事，就把自己关进屋子里，独自生闷气是要不得的。那么，遇到情绪低落的情况，我们该怎样做呢？

首先，要学会宣泄情绪。负面情绪会对身心健康造成损害，如不及时排解，后果很严重。所以，有了负面情绪，一定不要憋在心里，独自承受。要想办法把它宣泄出去。

宣泄负面情绪的途径很多，比如，可以找一个值得信赖的人，向他倾诉你的苦恼，哪怕是很小的事情，也要说出来，不要怕对方会认为你小家子气，芝麻粒儿大的事也在乎。人都是相通的，谁都会有被小事困扰的时候，所以不妨把苦恼说出来，将胸口的闷气吐出去。如果不愿向人倾诉，也可以通过唱歌、跳舞、读书、听音乐、散步等方式来分散注意力，既可以让你暂时摆脱负面情绪的侵扰，也可以陶冶情操，减轻心理的负担。

其次，要看到逆境和困难的意义。人之所以情绪低落，大多是因为遇到了困难或挫折。这时，要告诉自己：我现在所承受的痛苦和磨难是有意义的。这些已经发生的事情是无法避免的，换作任何人，都可能遇到这样的事情，对此我们已经尽力。尽管结果不满意，但那只能说明上天还想磨炼我们。所谓好事多磨，没有什么事情是轻松就能成功的，越是通过艰辛努力得来的东西，越是长久，越是轻松得来的东西，越是容易失去。要把每一次苦难看成是对自己的历练，是锻炼自己能力和意志的机会，大胆面对这些苦难，才能坦然面对现实。

最后，要找到方法，改变你的处境。情绪低落总有原因，如果是许多小事共同引起的，那每件小事都是其中的一个原因。选出你自认为比较重要的小事，找到应对措施，把这件烦人的小事解决掉。举个例子，要想摆脱失恋的痛苦，最好的办法就是开始一段新的恋情。所以，不妨试着接受身边其他异性朋友，或者让周围的人给你介绍一个新朋友，这样就能彻底改变你的处境。当一件事情获得成功后，你的心情会马上变得不一样，自信和笑容会重新回到你的身边。

人在遇到不如意的事情后，变得情绪低落，精神不振，这都是在所难免的，但不能任由负面情绪控制和奴役自己，要尽快摆脱它的束缚，将自己从痛苦中解放出来，用良好的心态看问题，找到解决问题的办法，这样才能真正改善自己的处境，获得一个好心情。

CHAPTER FIVE

远离抱怨

第五章

- 为什么我们喜欢抱怨
- 世上没有绝对的公平
- 抱怨只会让事情变得更糟
- 保持空杯心态
- 记住他人的好
- 常怀感恩之心
- 感谢折磨你的人
- 抱怨不如改变
- 打好你手中的烂牌
- 不要为失败找借口
- 做人不要太较真
- 山不过来,你就过去吧
- 如何远离职场抱怨

为什么我们喜欢抱怨

生活从来不是一帆风顺的。当你遇到不称心的事情时，是不是总喜欢抱怨？对工作、领导、家人、朋友，你是不是产生过各种不满情绪？你为什么这么喜欢抱怨？要找到答案其实并不难，下面这些测试题有助于我们准确定位自己抱怨的原因。

1. 你工作非常努力，但是总得不到领导的肯定和赏识？

A. 是（1 分）B. 否（0 分）

2. 就算你不愿意，可一旦被人邀请，你还是不好意思开口拒绝？

A. 是（1 分）B. 否（0 分）

3. 你是不是觉得一个人吃晚饭很凄惨？

A. 是（1 分）B. 否（0 分）

4. 做家务时，你常常会损坏东西？

A. 是（1 分）B. 否（0 分）

5. 你觉得身边的同事都没有工作积极性？

A. 是（1 分）B. 否（0 分）

6. 你会因为担心被自己喜欢的人讨厌而不敢和对方交谈吗？

A. 是（1 分）B. 否（0 分）

7. 你常常认为跟别人合作时，自己说什么都是白费力气？

A. 是（1 分）B. 否（0 分）

8. 你希望配偶比自己更优秀吗？

A. 是（1 分）B. 否（0 分）

9. 面对不喜欢的事情，你会不问缘由就断然拒绝？

A. 是（1 分）B. 否（0 分）

10. 你总是认为有更适合自己的工作？

A. 是（1 分）B. 否（0 分）

测试结果分析

3 分以下：你的抱怨是因为有时会莫名地感到空虚。因为努力没有得到承认，会产生消极思想，遇事习惯往坏的方面想，觉得凡事都无所谓，反正自己都无力改变。

3～5 分：你的抱怨是因为过于追求完美，一旦所做的事情达不到自己的要求，就会自责或责怪别人。

5～8 分：你的抱怨是因为过于自负，相信自己总是对的。稍有不如意，就会觉得领导不好、父母啰唆、别人差劲等，习惯把责任推到别人头上，从不往自己身上找原因。

8 分以上：你的抱怨是因为你是一个眼高手低、志大才疏的空想主义者。你的理想很丰满，但你的行动很骨感。所以，你总是不能成功，因无法实现目标而整天抱怨。

世上没有绝对的公平

生活中，我们很多人都会遇到这种情况，有时明明自己已经尽力做到最好，但结果却事与愿违，于是我们就开始抱怨命运不公。但世上没有绝对的公平，从我们呱呱坠地的那一刻起，就伴随着许多的不公平，家庭背景不公平、受教育程度不公平……太多的不公平让我们愤愤不已，凭什么实力差不多的人，他就升官发财，而我还在原地打转？

其实，很多时候，并不是这个世界不公平，而是我们自己觉得不公平。人只有在跟别人比较之后，才会对自己的处境感到不满，进而抱怨世界不公平。这种不公平，很大程度上是由自己的主观意识造成的，而非客观存在。要说客观存在，那么虫会觉得被鸡吃不公平，鸡会觉得被鹰吃不公平，鹰会觉得被猎人捕杀不公平。但这就是自然规律，适者生存，无所谓公平不公平。人生同样如此。当你因为比别人强而得意扬扬的时候，绝对不会想到这有多么不公平，隔壁那个年轻人长相比你好看，但娶的老婆却比你老婆丑陋 10 倍。

既然世上没有绝对的公平，我们就要试着去接受它，而不是为此耿耿于怀，让自己的情绪受到影响。尤其是在职场上，更不能以此为借口，抱怨公司，抱怨领导，对工作缺乏敬业精神。职场上虽然存在各种不公平现象，但也有相对公平的竞争法则。只要你用积极的心态接受竞争法则，爱岗敬业，努力工作，最终总会实现自己的职业目标。

周斌大学毕业后，到一家公司应聘信息员。前几轮面试非常顺利，最后一轮由公司老总面试。老总跟他简单聊了几句，看了看他的简历，然后说："很抱歉，我们不能录用你。一个连自己简历都保管不好的人，又如何能够认真对待工作呢？"

原来早上出门时，因为赶时间，不小心打翻水杯，弄湿了简历。为了不耽误面试，周斌只好带着上面有水渍、看上去不太整洁的简历来，没想到竟惹来这么大的麻烦。

尽管如此，周斌并没有抱怨，而是冷静下来，给老总写了封信，信上说："我对贵公司心仪已久，从您对我的严格要求上可以看出，贵公司之所以能成为行业翘楚，与你们在管理上的精益求精是分不开的。对于您今天的教诲，我一定会牢记在心，在今后的工作中认真负责，一丝不苟。"老总看到信后，被信中的肺腑之言感动，最终决定录用他。

故事里的周斌很聪明，在遭受不公平的待遇后，他并没有抱怨老总苛刻，而是冷静下来分析原因，及时采取补救措施，为自己赢得了第二次机会。如果他只知道怨天尤人，就不可能打动公司老总，最终如愿以偿进入这家公司。因此，当我们遭受不公平待遇时，首先应该接受现实，不抱怨，不气馁，尽全力去争取自己想要的结果。虽然你改变不了别人，但你可以通过改变自己来影响事情发展的方向，让它尽量朝着你预期的方向发展。

世上没有绝对的公平，如果你能够端正心态，坦然接受现实，就不会沉湎于对不公平的抱怨中。有时候，抱怨不公平只不过是用来掩饰自己懒惰或者消极情绪的挡箭牌，扔掉这个挡箭牌，以积极的心态面对现实，你就会收获丰盛的人生果实。

抱怨只会让事情变得更糟

生活中，我们经常听到各种抱怨，有人抱怨生活，有人抱怨工作，有人抱怨领导，有人抱怨同事。然而，抱怨除了让我们变得焦躁不安外，还能改变什么呢？

不管你遇到怎样的状况，抱怨不但不能解决问题，还会把事情弄得更糟。领导给你分配任务，你有千万个不愿意，但发几句牢骚就可以不做吗？领导分配的任务，你迟早要做，而且越早越好。满腹牢骚只会影响你做事的心情，倒不如把那工夫用在动脑筋想办法上，让自己愉快而高效地完成任务，给自己也给领导一份满意的答卷。

更何况，爱抱怨的人也不受人欢迎。没有人愿意跟一个整天牢骚满腹、一肚子苦水的人做伴。先不说你会把消极情绪传染给别人，单是你的大嘴巴，就很容易招致别人的反感。有能力的人从来不靠说，而是靠自己出众的解决问题的能力来获得事业的晋升。

同事在工作中出了点小差错，给你的工作带来了不便，领导会作出批评或指示，切忌当面指责别人，否则就算你说得再有理，别人也未必会接受你的批评。弄不好还会跟你产生口舌之争，甚至大打出手，把事情引向极端。哪怕是最熟悉、最亲近的人，也不要随便抱怨别人，否则很容易伤害对方，导致两人关系的疏远和裂痕。

小蒋大学毕业后，怀揣梦想出来打工。一开始，他跟其他业务员一样，每天加班加点工作，但薪水却很低，提成也不稳定。久而久之，心里难免有了怨气。他向妈妈抱怨说："老板太抠门，我每天累死累活的，才给这么点儿钱。"妈妈对他说："你跑业务是很辛苦，但你有没有想过，你为公司创造了多少价值？你的收入跟你给公司创造的价值成正比吗？"

听了妈妈的话之后，小蒋豁然开朗，从此再没抱怨过，而是把所有精力放在业务上。由于他工作努力，表现突出，不久，他就被提升为公司业务副总管，工资待遇也相应提高了很多。面对成绩，他没有骄傲，心里想的还是:“今年我为公司创造了多少价值?”

抱怨是最消耗能量的无益举动。只有把抱怨别人和环境的心情，化为上进的力量，才是成功的保证。当你抛开所有的抱怨，以积极的心态去看问题，你会从中学到很多以前没有学到的知识，而且这些知识会成为你人生中的一笔财富。

那么，我们如何克服爱抱怨的习惯，迎接一个不抱怨的世界呢?

①写出你正在抱怨的两件事，可以将自己心中所有的想法写在纸上。待写满后，将其撕掉，然后再写再撕，重复几遍，直到自己的情绪稳定为止。

②把让你烦恼的事情，像看电影一样在脑子里过一遍，并将这个过程以滑稽的形式呈现出来。比如，谁说了你的坏话，你就像快进一样，让那个人说话的速度加快。要是觉得还不能解恨，那就把他装扮成小丑的样子，再配上一些搞笑的音乐。这样重复几遍，回头再去看让你烦恼的事情，就会觉得很滑稽、很可笑，抱怨变得毫无意义。

③向朋友倾诉心中的不满。真正的朋友会为你排忧解难，而不是陪着你消极堕落。

保持空杯心态

古时候，有一个佛学造诣很深的人，听说某寺庙里有位德高望重的禅师，便慕名前去拜访。禅师的弟子接待他时，他态度傲慢。后来禅师亲自接待他，对他十分恭敬，并为他沏茶。可是倒水时，杯子明明已经满了，禅师还是不停地往里倒。他不解地问："大师，杯子已经满了，你干吗还倒?"禅师说："是啊，既然已经满了，为何还倒呢?"禅师的意思是，既然你已经很有学问，干吗还要到我这里求教?一句话说得此人羞愧难当。

一个杯子满了，就不能再装水，装多少溢多少。同样的道理，一个人心满了，就无法再装进去知识、技能……要想装进去，办法只有一个，清空杯子，保持空杯心态。

所谓空杯心态，就是要忘掉过去，着眼于当下。无论你以前多么辉煌，也不管你以前多么落魄，这一切都已经过去，如果还沉浸在昔日的辉煌中，或者深陷失败的阴影中，你就不可能再创辉煌，或者改变自己的处境。忘掉过去并非否定过去的一切，精华的部分要保留下来，摒除的只是那些糟粕的东西。只有这样，才能让自己不断吸收新的东西。

刚毕业的大学生，不管你在学校里成绩多么优秀，到了职场都是新手，如果你对过去的成绩念念不忘，并以此炫耀，只会引起同事的反感，而你自己也会因为自满学不到任何新的东西。正确的做法是，忘掉过去的辉煌，一切从零开始，知不足才能进步。

小王毕业于北方一所著名的医科大学，他原以为凭借母校响当当的牌子，可以不费吹灰之力找到一份好工作。可是在招聘会现场，当他把简历递给一家公司的招聘主管时，对方并没有对他表现出多大的兴趣来，反而跟旁边的另一位应聘者热聊起来。

看到对方如此冷落自己，他本想毛遂自荐一下，可最终没好意思开口，一个人默默离开了招聘会现场。

第一次求职就遭遇滑铁卢，小王深感受挫。在那以后，他把自己锁在房间里发愣。但日渐紧张的经济状况，让他不得不重新出去找工作，结果还是被用人单位委婉拒绝。

没办法，他只好回到家乡。经过痛苦的权衡，他决定跟父母一起卖糖葫芦。这个决定让很多人感到吃惊，一个名校的高才生，干什么不好，非要去卖糖葫芦？尽管非议很多，但他还是坚持跟着父母到大街上卖糖葫芦。在许多人异样的目光中，他连头都不敢抬一下。一个钟头过去了，他一根糖葫芦也没卖出去。最后不得已，只好自己张口吆喝，这时终于有人过来买了一根。他信心大振，吆喝声越来越大，很快就把所有糖葫芦都卖完了。

就这样，他每天出去卖糖葫芦。在这个过程中，他领悟到一个以前在学校里根本不可能学到的人生哲理，那就是一个人做什么不重要，重要的是尽早适应各种复杂的环境。

带着这样的心态，他再次迈向职场。这一次，他终于找到属于自己的工作，而且他在工作中表现得非常优异。对此，他感慨道："母校的光辉，在逐渐离我远去。"

小王因为忘掉过去的辉煌，最终凤凰涅槃，获得了新生。生活中，像小王这样一开始活在过去的辉煌中，不愿正视现实的人还有很多，也有人深陷痛苦的泥沼中不能自拔。一个人如果不能定期给自己归零，清除心灵的垃圾，就无法更好地享受工作和生活。

有一位哈佛大学的校长，曾经只身一人，到美国南部的农村尝试过一种全新的生活。在那里，他到农场去打工，去饭店刷盘子，背着老板抽烟，和工友偷偷聊天……这让他体验到一种前所未有的愉悦。最有趣的是，有一次他在餐厅刷盘子时，干了 4 个小时后，老板把他叫来，跟他结账。老板对他说："可怜的老头儿，你刷盘子刷得太慢，你被解雇了。"

这个可怜的老头儿回到哈佛，回到自己熟悉的工作环境后，却觉得以前熟悉的东西全都变得新鲜起来，工作也成为一种全新的享受。

许多年后，当他到北京大学访问，说起这段经历时，很多人都为之感叹。哈佛校长之所以有全新的体验，是因为在农村的那段时光，让他拭去了心中沉淀多年的垃圾。

人生是一场盛宴，而不仅仅是一道好菜。不要因为小小的成绩就得意忘形，更不要因为一时的失败或挫折就一蹶不振。要学会归零，舍弃过去的荣耀、挫折，只有舍弃之后才能获得更多，否定自己需要很大的勇气，但唯有如此才能清空心中的垃圾，轻装上阵。

记住他人的好

生活中，记住别人的坏很容易，记住别人的好却很难。有时候，别人打我们一个耳光，我们可能会记恨一辈子，而别人在困境中帮了我们一把，我们可能转眼就忘掉。别人做了一件对我们不利的事，我们可能会把他之前做过的所有对我们有利的事全部抹杀掉。

别忘了，你怎样对别人，别人就会怎样对待你。你对别人爱答不理，别人也会对你死眉瞪眼。如果你经常看这个不顺眼，看那个也不顺眼，那么你不但交不到知心朋友，反而会树立越来越多的敌人，为自己添堵不说，还会让自己整天处于心烦意乱中。

人非圣贤，孰能无过？把别人的错误和缺点无限放大，以致看不到别人的优点，对某些人或者某件事牢骚不断、抱怨不已，以这样的心态对待一切，你的内心永远得不到宁静。

记住别人的好是为人处世应有的智慧。只有记住别人的好，你才会觉得人心向善，生活处处是美好的；只有记住别人的好，你才能放下心中的怨恨，保持一种阳光心态。记住别人的好，首先就要忘记别人的不好，这样你才能在与爱人、邻里、同事、朋友的交往中得心应手，避免因利益和观点的冲突，引起不必要的摩擦和矛盾。

有个女人和自己深爱的男人结了婚，但婚后没多久，女人便感到失望极了。丈夫跟婚前判若两人，在琐碎的日常生活中，丈夫的许多举动都令她不满意，女人很苦恼，决定跟男人好好谈一谈，否则这样的婚姻将无法再坚持下去。

“今天我们都心平气和地指出对方的缺点，然后看看如何改掉这些缺点。”女人说。

“好吧，那你先说。”丈夫坐在她对面答道。

女人心中积压了太多的不满，她开始唠叨起来。她说丈夫非常粗心，不像婚前那样对自己照顾得无微不至；她说丈夫太懒惰，家务事从不主动去做；她说丈夫老是外出应酬，对她冷淡了；她还埋怨丈夫炒的菜难吃，洗衣服时洗不干净。

说到这里，她看到丈夫眼里闪着泪花。本来她还有许多话要说，看到这情形，不由心一软，说："轮到你了。"可丈夫摇摇头说："没有。"女人有点难以置信："怎么会没有呢？"

丈夫肯定地说："真的，我从来没有对你不满过。上天把你赐给我，我感激涕零。我觉得你什么都好，既美丽又可爱。我总是想，如果有来生，我还愿意娶你为妻。"

"但是我非常任性。"

"不，那是你在撒娇。"

"我还蛮不讲理！"

"不，那是我错了，你在坚持自己的原则。"

女人惊呆了，她突然觉得自己很可笑，她依偎在丈夫的怀里，感到幸福极了。

恋爱时如胶似漆的两个人，婚后往往会有很大的心理落差，因为恋爱时在荷尔蒙的影响下，眼里全是对方的优点，婚后在柴米油盐的催化下，对方的缺点开始显现。很多人将其归咎于对方变了，其实对方可能没变，变的是你的眼光。婚前眼里只有对方的你，婚后开始变得挑剔。只要你像婚前那样，记住对方的好，婚姻中就会多一些幸福，少一些矛盾。

夫妻之间如此，同事和朋友之间莫不如此。茫茫人海中，能够互相认识是一种缘分，我们应该珍惜这份缘分，时刻保持一种阳光心态。有人说，人际交往中要学会做加减法。所谓加法，就是记住别人的好，放大别人的优点；所谓减法，就是忘记别人曾经对你的伤害。做到这一点，你就能在纷繁复杂的社会交往中如鱼得水，成为人生的赢家。

常怀感恩之心

很多人都有这样的体会：当你对别人心怀感激时，心情也会为之舒畅；而当你对别人牢骚满腹时，心情也会随之低落。由此可见，一个人只有常怀感恩之心，内心才会平和。

在这个世界上，无论同事、朋友，还是父母、爱人，没有任何人应该或必须为我们无条件付出。生活是自己选择的，只有靠自己才能过好。别人对我们的好，都是对我们的格外关照，我们应该真心感激他们，而不能因为一时的不如意而苛责他们，埋怨他们。

有一种观点认为，人是因为追求功名利禄，才导致诸多不良情绪的。但其实，最根本的原因在于人的内心缺乏感恩的思想。尤其在职场上，我们每天听到的那些牢骚和抱怨，几乎无一例外都是因为不知道感恩引起的。

张岳是一家公司的销售，平时口无遮拦，无论什么场合，都要发泄一下心中的不满。

有一次，领导发福利，派人去出差，名为工作，实际上是去旅游。张岳认为领导平时派给自己的任务都很辛苦，所以这一次领导应该会照顾自己。可结果出乎意料，领导安排了别人，而交给他的任务需要加班加点才能完成。

张岳对此非常不满，私下跟同事聚会时，经常拿这件事来抱怨，还扬言要辞职，而且已经找到更好的归宿。这些话传到领导的耳中，领导很不高兴，原本计划要给他升职提薪，但觉得他不够稳重，也不知道感恩，只好将这一计划搁浅。

法国思想家卢梭曾经说过：“没有感恩，就没有真正的美德。”一个不懂得感恩的人，做任何事情首先想到的都是自身利益，这样的人能力再强，也不会受人欢迎。工作中如果用抱怨代替感恩，是很难在事业上有所建树的。那么，怎样才能让自己心怀感恩呢？

其实，感恩不是做给别人看，也不用刻意表现出来。相反，它需要真挚的感情。感恩最好的方式就是珍惜，珍惜自己得到的和拥有的。得到的也许并不完美，拥有的也许并不如意，但人生本来就有缺憾，也许你得到的正是别人苦苦追寻的，你拥有的正是别人缺少的。完美和如意固然不错，但不完美和不如意更能激发我们追求美好事物的斗志。

赵新是一家网络公司的编辑，工作5年，每天加班加点。尤其是头几年，任务繁重难度大，工资却少得可怜。但他顶住了压力，没有像别人那样满腹牢骚，或者频频跳槽。

不仅如此，他还利用闲暇时间，研读很多跟工作有关的技术类书籍。有同事不理解，就问他："这不是你的本职工作，花那么多时间有什么用？"对此，赵新答道："掌握更多的知识才能更好地为本职工作服务，对自己对团队都有帮助，为什么不做呢？"

通过不懈努力，赵新克服了种种困难，提升了自己的业务能力。他觉得公司给了他一个很好的平台，让他能够施展拳脚，他必须靠自己的努力，把工作做好，他相信自己的付出总是会有收获的。在这样的心态支撑下，他很快成为公司的技术骨干，得到公司的重用。

赵新的成绩，源于他对公司的感恩之心。无论在生活中还是工作中，如果我们能够像赵新一样，常怀感恩之心，就会少一份抱怨，多一份豁达，多一些自我提升的意识。

生活就是一面镜子，你笑，它也笑，你哭，它也哭。你感恩生活，时时笑对生活，生活将会给你阳光。你不感恩生活，只是一味怨天尤人，那生活给予你的也将是失败和泪水。

感谢折磨你的人

每个人在一生中，都曾遭受过伤害，有蔑视，有欺压，有隐瞒，有对抗……面对这些不幸，你的内心是不是感到很痛苦，时至今日，仍然对当初伤害过你的那个人耿耿于怀？抑或你已经学会在心中结上厚厚一层茧，以隔绝外界的侵入，保证自己不再受到伤害？

著名作家王尔德说过："世上只有一件事比遭人折磨还要糟糕，那就是从来不曾被人折磨过。"从我们出生的那一刻起，人生的道路就注定不可能一路平坦，每个人在一生中或多或少总要经受一些折磨和苦难。如果我们把这些折磨和苦难当成一种历练，换一个角度看问题，用积极的心态来面对，就会得到不一样的人生体验。

看看历史上那些伟大的人物，有哪个不是在成功之前受尽他人的嫉妒、陷害或折磨？然而，正是这些苦难教会他们如履薄冰的机警和巧妙应对的智慧。一只没经历过苦难的雄鹰永远不可能展翅高飞，一个没被折磨过的员工也永远不可能成为领导。人生就像凤凰涅槃，只有历尽磨难，才能浴火重生。所以，感谢折磨你的人吧，是他们给了你前进的动力。

相传宋徽宗喜欢书画，而且造诣很深。有一天，他问身边的随从："天底下哪个人画驴画得最好？"随从答不上来，于是私下到处打听画驴高手。很快，便得知一个叫朱子明的人是画驴好手，于是禀告皇帝，召他进宫画驴。

听说自己要进宫为皇帝画驴，朱子明不由得吓出一身汗。原来他虽然是画家，但擅长山水画，因为功底深厚，遭到同行的嫉妒，他们到处造谣贬低他，说他是"驴画家"。这"驴画家"只不过是个不雅的绰号，根本不是因为他擅长画驴。

尽管如此，皇帝的圣旨不可违抗，他只好硬着头皮苦练画驴术，先后画了数百幅有关驴的画，最终得到了皇帝的赞赏，成了名副其实的"驴画家"。朱子明由此感叹道："有人折磨你，未必都是坏事，感谢那些折磨我的人，是他们的骂声、贬责和造谣成就了我！”

平静的湖面训练不出精干的水手，安逸的环境造就不出划时代的英雄。要想成功，就必须经历跌宕起伏的人生。从这个意义上讲，你应该感谢折磨你的人，是他们的羁绊强壮了你的双腿，是他们的伤害使你变得更坚强，是他们的抛弃让你懂得独立和珍惜。

爱默生曾经说过：“每一种折磨或挫折，都隐藏着让人成功的种子。”只有经历过折磨的人，才具备从困难中站起来的毅力，也只有经历过折磨的人，才能够成功。

因此，生活中当你遭受责难，不要抱怨，不要以牙还牙，而要感谢折磨你的人。

抱怨不如改变

人遇到不如意的事情，难免会抱怨，这很正常，有时也是必要的。毕竟通过抱怨，可以发泄心中的不满，减轻心理压力。但如果只知道抱怨，不知道改变，那么，很容易被抱怨声淹没，丧失斗志，整天浑浑噩噩。总有一天你会发现，抱怨并不能改变现状，如果你真的为现状感到苦恼，与其抱怨，还不如去做些改变。

一只蜜蜂落在一朵枯萎的玫瑰花上拼命吮吸，它以前从这朵花上吮吸过花蜜，可现在它吮吸到的却是毒汁。蜜蜂心里很清楚，因为毒汁苦涩，跟以前的味道完全不一样。对此，蜜蜂非常气愤，它抬起头向着整个世界抱怨："为什么花蜜的味道变了?"

有一天，也不知道是什么原因，蜜蜂突然振动翅膀，稍稍往高处飞了一点。这时，它突然发现，在这朵枯萎的玫瑰花周围，处处是鲜花。

一开始，蜜蜂只知道抱怨，但这并没有改变它的处境，它吮吸到的仍然是毒汁。后来，当它无意中作出改变，往高处飞，离开那朵有毒的花朵时，它才改变了自己的命运。

生活中，很多人像故事里的蜜蜂一样，明知自己吮吸的是毒汁，却只知道低头抱怨，从来没想过要主动去改变什么。问题是，环境不会为你改变，如果你不去改变，那么你抱怨的事情就会一直存在。这些人整天怨天尤人，抱怨命运、抱怨亲人、抱怨朋友，唯独不抱怨自己，他们认为发生在自己身上的不幸，都是由环境和其他人造成的，自己从来没有错，自己最无辜、最委屈，所受的伤害最大，越是这样想，他们就越不会从自己身上找原因。

有两个年轻人同时被一家公司录用。3 年过去了，其中一个升任部门经理，另一个仍然是普通员工。那个没得到提拔的人心里非常不服气，他找到领导，诉说自己的想法。

“我很理解你的心情，这样吧，你先去市场上看看有没有卖土豆的。”领导说。

年轻人转身出去。很快，他就回来告诉领导：“有。”

“怎么卖的?”领导问。

“我没有问，我这就去问。”年轻人答道。

过了一会儿，年轻人回来告诉领导说：“土豆每斤1元。”

“有多少家卖土豆的?”领导又问。

“我没注意，我再跑一趟吧。”年轻人有些沮丧。

领导拽住他，把那个得到提拔的人叫过来，将同样的事情吩咐给他。好了一会儿，那人回来了。不等领导问，他就说：“市场上有7家卖土豆的，最好的每斤1.5元，差一点的1.2元，最差的8毛。有个老太太说，要是买得多，还可以再便宜一些。”说完还把从老太太那里带回来的土豆样品拿给领导看。看到这里，那个没得到提拔的人一言不发地走了。

年轻人刚开始只知道抱怨领导不公，但通过对比，才发现自己跟别人的差距。每个人在抱怨别人的同时，都应该多想想，是不是都是别人的错，自己难道一点错都没有？要想改变自己的处境，就必须作出改变。莎士比亚曾经说过：“聪明人永远不会坐在那里为自己的不幸而哀叹，而是会想方设法让自己尽快脱离不幸。”

爱抱怨的人只能原地打转，他们咒骂眼前的黑暗，却不知那黑暗正是自己的影子。而努力去改变自己的人，总是能发现机会，扭转不利局面，让自己过上美好的生活。

年轻人，当你抱怨自己因为身高找不到工作，因为相貌找不到女朋友时，要多想想，决定你处境的因素真的是这些外在的东西吗？其实，如果你真的有才能，没有人会在意你的身高；如果你真的有潜力，大多数女性都不会在意你的相貌。与其抱怨这些自己无法改变的客观事实，倒不如花点工夫提升自己。大诗人歌德说过：“人们在所有事情上最终只能求助于自己。”所以，要改变现状，就要依靠自己，从现在开始，少一些抱怨，多一些改变。

打好你手中的烂牌

玩过扑克牌的人都有这样的经验：有时候，拿到一手想要甩掉的烂牌，可如果认真打下去，很可能会出现意想不到的好结果；相反，拿到一手足以炫耀的好牌，如果打牌技巧不佳或疏忽大意，很有可能会输得很惨。

美国总统艾森豪威尔年轻时，有一次跟家人玩牌，一连好几次都拿到很烂的牌，他情绪低落，态度也变得非常恶劣。

母亲见状，说了段令他终生难忘的话："你必须用手中的牌玩下去，这就像人生，发牌的是上帝，无论什么样的牌，你都必须拿着，而你要做的就是竭尽全力，获得最好的结果。"

人生就像一场牌局，重要的不是刚开始抓到一手好牌，而是打好手中的烂牌。运气或许会左右一时的输赢，但最终的胜负取决于是否拥有高超的技能和过人的胆识。要想成为人生的赢家，你就必须拿出足够的智慧和勇气，只有打好手中的烂牌，人生没有什么不可能。

每个人都希望拿到一手好牌，但问题是，发牌的人是上帝不是你，这是命中注定的。你本想生在一个富裕人家，过衣食无忧的生活，可偏偏生在一个贫穷家庭。命运眷顾的只是极少数人，这些人未来的路未必会衣锦无忧，如果他们不懂得珍惜，肆意挥霍，康庄大道也会走成羊肠小道，最终走进死胡同。相反，一个命运不济的人，如果能够调整心态，努力改变自己的处境，狭窄的羊肠小道也会走成洒满阳光的康庄大道。

刘伟从小酷爱足球，三年级时他已经是绿茵俱乐部二线的队长，当一名职业球员是他的梦想。然而，10 岁那年，他在玩耍时不慎触到高压线，失去了上臂，足球梦彻底破灭。

但刘伟并没有放弃生活。经过两年的疗养，他加入北京市残疾人游泳队，并在 2005 年和 2006 年先后获得全国残疾人游泳锦标赛百米蛙泳冠军。

就在他踌躇满志为2008年残奥会做准备时，厄运再一次降临。刘伟因为高强度的训练，导致免疫力下降，患上过敏性紫癜，医生告诉他，必须放弃训练，否则将危及生命！

在放弃足球、游泳之后，刘伟将希望放在另一项爱好——钢琴上。经过一年多常人难以想象的刻苦练习，他用脚趾弹琴考过专业七级，而且多次受邀参加节目录制。后来，他通过选秀节目为更多人认识，并代表中国在奥地利维也纳金色大厅，用脚趾弹奏出中国经典音乐《梁祝》，震撼了世界。2011年，刘伟被中央电视台评为感动中国年度人物。

"我失去了双臂，但上帝只想让我拥抱更大的世界！"面对厄运，刘伟发出这样振聋发聩的声音，他用自己的经历向世人证明：即使拿到一手烂牌，照样能打出漂亮的结果！

没有人能够一生好运，或者每次都拿到好牌，总有运气不佳，或者拿到烂牌的时候。有的人一旦抓到烂牌，就怨天尤人，破罐子破摔，等着霉运将自己击垮。而有的人则会整理好手中的烂牌，等待机会，一张一张顺出去。等对手麻痹大意的时候，出其不意将其击溃。

有时候，我们手中的烂牌并不像想象中那么糟糕，之所以我们觉得会输，是因为内心充满了恐惧。如果我们冷静下来，克服恐惧，等待突破的机会，结果很可能会让你惊讶。

有一对双胞胎兄弟，从小父亲就因为杀人和吸毒被判终身监禁，母亲因此离家出走，杳无音讯。两个孩子被送进了孤儿院。

20年后，老大以优异的成绩毕业于名牌大学，成为一家跨国公司的总裁。而老二却跟父亲一样，因为杀人、吸毒被关进了监狱。有一位记者分别采访了他们兄弟两个。问老大为什么会成功，老大回答说："因为有那样的父母，我能怎么办呢？"问老二为什么会落得如此下场，老二回答说："因为有那样的父母，我能怎么办呢？"两人的答案惊人的一致！

同样是拿到一手烂牌，哥哥赢得很漂亮，弟弟却一败涂地。这充分说明：环境和机遇并不能决定人的一生，真正起决定性作用的，是一个人对人生的态度。要想改变命运，关键是要坚定信念，敢于面对，做好规划，认真打好手中的烂牌。

不要为失败找借口

一个人做事不可能永远顺风顺水，总会遇到失败。面对失败，不同的人往往会有不同的态度。有的人把失败看得很淡，因为他们相信失败是成功之母。有的人把失败看得很重，他们拼命为自己的失败找借口，不是运气不好、环境不佳，就是别人使绊子，举例如下。

我没考上大学，是因为家里穷，营养跟不上，当时病倒了，发挥不正常。

我工作业绩不好，是因为领导不重视，同事故意为难我。

如果我年轻20岁，我会创办自己的公司，也许早就可以横行天下。

总之，无论做什么，他们都能找出一大堆理由。世界上最容易办的事就是找借口。其实，失败就失败了，找再多的理由也无法挽回。想跟失败撇清关系，问题是，你撇得清吗？你说失败是因为下属挪用公款，但你不能否认自己用人不当；你说失败是因为经济形势不好，但你不能否认自己对经济形势缺乏了解。把问题推在别人身上，或者归因于环境，你就不可能从根本上找到失败的原因，找不到失败的原因，你就不可能总结经验，避免重蹈覆辙。

借口虽然让我们暂时逃避了困难和责任，获得些许心理慰藉。但是，它的代价却无比高昂，带给我们的危害一点也不比其他任何恶习少。

汉武帝执政时，有一次在宫门口遇到一位白发苍苍的老人，衣衫褴褛，站在门口认真检查出入宫门的行人。汉武帝不禁对他产生了兴趣，上前问道："先生是不是很早就担任郎官这个职位了？为什么这么一大把年纪还在做郎官？"

老人答道："我叫颜驷，是江都人。从文帝开始，历经三朝，一直担任这个职位。"

汉武帝问："你为什么没有升官的机会？"

颜驷答道："文帝喜欢文学，而我偏爱武功；后来景帝喜欢稳重的人，而我又年轻，比较活跃；现在您做了皇帝，喜欢年轻有为之人，而我已经年迈无为了。所以，虽然历经三朝皇帝，却一直得不到提拔，我想要的是合我心意的工作呀。”

颜驷从青年到老年，换了3个用人风格不同的皇帝，历经数十年，都没获得升迁的机会，这难道是皇帝的原因吗？他不从自己身上找原因，反而认为自己时运不佳，如此心态，又怎能获得成功呢？同样的道理，很多员工，领导换了一茬又一茬，可就是得不到赏识，他们从不认为自己有问题，只是一味地抱怨，这样的人注定是无法获得晋升的。

有句话说得好，不要为失败找借口，要为成功找方法。生活中，缺少的是想办法完成任务的人，而不是为自己找借口的人。成功的人，从来都是只找方法，不找借口。

李嘉诚年少丧父，只好用瘦弱的肩膀扛起家庭的重担，靠打工维持生活。

他曾做过一种塑料洒水器的推销员。刚开始，他跑了很多地方，腿都跑断了，都没有卖出去一台，成为同行中业绩最差的一个。

有一天，他跑了一上午，仍然一无所获。在回来的路上，他垂头丧气地想，不如辞职干别的算了。但转念一想：推销效果不理想，不是产品不行，而是自己做得不到位，不然其他人怎么能干得那么出色？看来，必须想办法，才能有突破。

于是，他重新振作精神，来到一幢写字楼。看到楼道里满是灰尘，他灵机一动，想到一个办法。他没有直接去推销产品，而是用洒水器将楼道喷洒了一遍。经过他的清理，原来很脏的楼道立刻变得很干净。这一举动引起楼里人的关注，很快他就卖出去10多台洒水器。

失败的人永远在找借口，成功的人永远在找方法。李嘉诚通过找方法，而不是找借口，改变了自己的命运，成就了一段商业奇迹。

那些做事喜欢找借口的人，其实是在消耗时间，浪费自己的生命，他们用消极的态度来对待失败，从不认为失败是自己造成的，因此也不会去寻找方法来改变自己的命运。而那些懂得从自身找原因的人，会不断寻找新的方法，使事情得以顺利完成。

做人不要太较真

与人相处，最重要的是相互谅解。很多平时关系不错的同事和朋友，总喜欢议论对方的是非，却不知人没有十全十美，太较真，对什么都看不惯，往往会活得很累。

有一次，孔子携弟子东游，饥渴难耐之际，看到前面有一家酒馆，便吩咐其中一个弟子去要点吃的。这个弟子走过去对老板说："我是孔子的弟子，我们一路走来很是饥饿，可否给我们一些食物？"老板说："我写个字，如果你认识的话，就随便吃。"于是，他挥笔写了个"真"字。孔子的弟子看后不以为然地说："真！"老板大笑："连这个字都不认识，还敢冒充孔子的学生！"于是将他赶了出去。

孔子看到沮丧归来的弟子，问明原委后，自己亲自去酒馆，对老板说："我是孔子，能否行个方便？"老板还拿刚才那个字问他。孔子答道："念'直八'。"老板大笑："不愧是孔子！你们随便吃吧。"弟子疑惑不解，问孔子："分明是'真'，干吗念'直八'？"孔子笑道："这是个不能认真的时代，你非得认真，怎么能不碰壁？处世之道，你还有待学习。"

这虽然是一则杜撰的故事，却说明一个道理：为人处世不能太较真，不然心会很累。干事业或者做学问，较真是一种优良品质，但生活中太较真却会让我们很痛苦。它会让我们戴着显微镜待人接物，看什么都不顺眼。既然你容不下别人，别人自然也不会亲近你。

太较真的人，往往很固执，不懂得变通。这看似有主见，实则迂腐。这样的人很容易一条道走到黑。而且有些人较真是出于心胸狭窄，容不下别人，最终做出极端的事情来。

太较真的人，往往得不到领导的重视和提拔，因为他们太在意每句话的正确性，却忽视了问题的连贯性和逻辑性，让人感觉看问题目光短浅、不顾大局，这样的人如何堪当重任？

郑灵公有个大臣叫公子宋，做事非常较真。在一次宴会上，郑灵公想开个玩笑戏弄一下公子宋，于是在分鼋羹时故意没给他。公子宋觉得很没面子，恼羞成怒，跑到郑灵公面前，用手指从盛鼋羹的大鼎里蘸了一下，然后将手指放进嘴里尝了尝味道。灵公大怒，骂道："岂有此理，居然敢戏弄寡人，看我不斩了你！"在场所有大臣都跪下为公子宋求情，郑灵公才不再追究。

会后，有人劝公子宋向郑灵公赔罪，公子宋说："是他先侮辱了我，他非但不自责，还责备别人，真是个昏君！"拒不谢罪。

后来，公子宋一直对此事耿耿于怀，终于有一次趁灵公外出祭祀时，买通刺客杀了他。

因为咽不下一口气，竟然雇凶杀人，公子宋的较真可谓登峰造极。由此可见，做人太较真确实是害人害己。那么，生活中如何避免太较真呢？以下几点值得参考：

①从大局出发。只要大方向正确，总体没什么错误，就没必要在细节上跟人较真。姜文在拍摄一部电影时，因为选马问题，跟该项目的负责人吵了起来。姜文认为用纯种马好，可以表现出人物的土匪性格，而对方却表示，马的品种不重要，只要有那股劲儿就行。周润发见状，在一旁拍了拍他的肩膀，说："老弟，你这么爱较真，真碰上要较劲儿的地方，你还有劲儿可较吗？"这一句话让姜文马上释怀。是啊，对工作要求严格本身没错，但不能因此在鸡毛蒜皮的小事上斤斤计较，太较真有时候会让工作和生活陷入无休止的争执中。

②有容人的雅量。为人处世要有广阔的胸襟和容人的雅量。为人要谦恭，保持低调，处世要不骄不躁。对于小人的无理取闹，无须理睬。对于他人的不当言行，不要过于追究。"水至清则无鱼，人至察则无徒。"太较真会导致我们看谁都不顺眼，影响自己的情绪。

③换位思考，不该计较的不要计较。当你较真时，不妨换位思考一下，换作是你，你愿意别人抓住你的一点小错，无休止地纠缠下去吗？每个人都会犯错，计较太多，反而容易失去很多东西。倒不如一笑而过，忘记不愉快，让自己拥有一种宁静而愉悦的心态。

一个人只有懂得什么事该较真，什么事不该较真，才能把精力都放在重要的事情上，这样成功的概率就会大大增加。做事如此，做人同样如此，只有不挑剔，宽以待人，别人才愿意跟你交往，这样你的朋友就会越来越多，人际关系也会变得更加融洽。

山不过来，你就过去吧

生活中，有很多事情，是我们无法改变的。这时，千万不要认为自己总是对的，是命运在捉弄自己。困难和挫折就像一座大山屹立在那里，你不能指望它走开，要想继续前进，你必须主动走过去，拥抱它或者越过它。

有位老和尚，不仅道行高深、法力无边，而且还会移山大法。有一天，一位德高望重的人邀请他去给大家表演一下。老和尚在一座山的对面坐了下来，大家都目不转睛地看着他，等待奇迹发生。过了一会儿，只见他站起来，慢慢走到山的另一面，然后对大家说：表演结束。众人疑惑不解，那位德高望重的人问道："山没有动啊？它还在那里。"老和尚答道："这世上根本就没有什么移山大法，唯一能撼动大山的办法就是：山不过来，我就过去。"

人不一定能改变环境，但一定要适应环境。很多人之所以在大山面前束手无策，是因为他们抱怨命运不公，希望上天能眷顾自己。然而，天上掉馅饼的事是不可能发生的，期待这种不会发生的事情降临自己头上是不切实际的。要想成功，唯有主动出击，积极争取。

康熙年间，有个清廉的大臣告老还乡后，打算为家乡做点事，建造一座桥。但他的想法遭到几个子女的一致反对，他们说："你做了一辈子的官，我们没沾到您一点光。现在好不容易把您盼回家，可您却对我们不管不顾。"听了子女们的话，大臣非常伤心，他觉得自己虽然为官清廉，却忽视了对子女的教育。后来，他还是用毕生积蓄修了桥。桥修好后，他对子女们说："我之所以用毕生积蓄修桥，就是想用事实告诉你们，自己的路自己走，自己的生活要靠自己创造，靠天、靠地、靠父母，不如靠自己。"

大臣的一番苦心终于打动了他的子女，他们摆脱消极的依赖心理，靠自己的努力，踏踏实实走好每一步路，最终都成了国家的栋梁之才。

林则徐曾经说过：子孙若如我，留钱做什么；子孙不如我，留钱做什么。有时候，环境是无法改变的，要想生活得更好，不能等靠要，更不能怨天尤人，只能自己作出改变。江河之所以最终能流向大海，是因为它们巧妙地避开所有障碍，不断改变自己的航行路线。许多人之所以能在失败后取得成功，是因为他们善于总结，不断改变自己的思路和方法。山不转路转，路不转人转，活人不能让尿憋死，你得想方法改变自己的处境。

在英国威斯敏斯特教堂旁边，矗立着一块墓碑，上面刻着这样一段话："当我年轻的时候，我梦想改变这个世界；当我成熟以后，我发现我无法改变这个世界，我将目光缩短，决定只改变我的国家；当我进入暮年以后，我发现我无法改变自己的国家，我最后的愿望仅仅是改变一下我的家庭。但是，我发现这也不可能。现在，当我躺在床上行将就木时，我突然意识到：如果一开始我仅仅去改变自己，我可能改变我的家庭；然后，在家人的帮助和鼓励下，我可能为国家做一些事情；然后，谁知道呢？我甚至可能改变这个世界。"

这段话的意义在于，它告诉我们，无论你志向多么远大，一切都要从改变自己开始。陶渊明因为"不为五斗米折腰"的傲骨，为官场所不容，对此他毅然改变志向，辞官归隐，最终为后人留下许多千古传诵的佳句；鲁迅本是学医出身的，当他看到国贫民弱时，毅然改变初衷，弃医从文，成为一位为时代"呐喊"的战士。他们虽然无法改变自己身处的环境，但是他们都懂得改变自己，从而通过改变自己来逐步影响自己生存的环境。

一个人幸福不幸福，完全取决于他创造幸福的能力。不是等待，不是索取，而是主动出击，不断改变自己，完善自己，用"山不过来，我就过去"的胸襟，去征服一座座大山。

如何远离职场抱怨

抱怨是一种可怕的传染病。生活中，听到有人抱怨，为了免受其影响，我们可以不动声色地走开。可在职场上，面对朝夕相处、抬头不见低头见的同事，一旦有人抱怨，所有人几乎都能听到。就算你躲得了一时，也躲不了很久。时间长了，势必影响自己的心情。

孙蕾最近找到一份工作，在一家事务所当会计，平时办公室里，算上她只有5个人。本来挺清静，可有一位40多岁的大姐，整天唠唠叨叨，不是抱怨活儿多，经常加班，就是抱怨工资低、福利差，不如同行业其他单位。总之，稍有不满就挂在嘴上，说上大半天。

刚开始，孙蕾也不觉得怎样，反倒认为有人说话，总比冷冷清清的好，显得有人气。可是不久，她就发现自己工作的积极性越来越差。而且听了那位大姐的抱怨后，她自己也开始思考，然后跟着比较，结果发现自己对那位大姐的话身同感受，总觉得自己吃亏，在工作中得到的回报远远比不上自己的付出。

最近，那位大姐又吵着要辞职，说随便在哪个单位都能拿到比现在高一倍的工资。孙蕾也有点动心了，心想不如尽快换一份工作，现在这份工作实在没什么意思。

孙蕾遇到的这种情况，很多职场人士身同感受，也许你身边就有这样的大姐，整天在耳边聒噪抱怨，让你产生消极怠工的情绪。那么，如何远离这些职场抱怨呢？

保持清醒的认识

抱怨最大的危害，就是让你在不知不觉中深陷其中，与抱怨者产生相同的想法。一旦你跟抱怨者在思想上产生共鸣，说明你已经被对方传染，要立刻斩断与他的共鸣，换一个积极的角度来考虑问题，例如在新单位，虽然有人抱怨待遇不好，但跟你以前的公司相比，起码还有年终奖，这已经是很大的进步。如此积极思考，你就不会受抱怨者的负面影响。

转移注意力

只要对方不是向你一个人单独抱怨，就可以通过转移注意力的方法，避免听到他的抱怨之词。例如，戴上耳机，听一听欢快的音乐，将你受到的消极影响清扫干净。如果对方单独向你抱怨，你可以找个借口离开一会儿，如果回来后他还在抱怨，你可以想一想自己感兴趣或者需要思考的事情，以此来分散注意力，他看到你心不在焉，也许就会放过你。

反问他一句

大多数爱抱怨的人，只是空发牢骚而已，他们并没有想要解决问题，也不是想要寻求安慰和同情。所以，当对方抱怨领导给自己分配的任务太多时，你可以反问他一句："那你打算怎么办？"这样的话很可能会让他们停止抱怨。因为无论如何，他都不可能拒绝执行领导交办的任务，也不可能去跟领导吵闹。

当然，如果你就是那个爱抱怨的人，那就要反思一下自己的行为了。想一想，抱怨有多大作用？如果只是让你发泄一下心中的不满，你完全可以在职场之外以其他方式进行，不要将它带到职场上来，因为那样会招致别人的厌恶和鄙视，不利于你在职场的人际交往。

既然抱怨于事无补，就要想办法解决问题。如果你对自己抱怨的问题无能为力，那只能说明你的能力有限，如果你能改变却不改变，那也是你的问题，要抱怨只能抱怨你自己。

总之，身在职场，每个人都不容易，都承担着巨大的压力，如果不懂得给自己减压，反而去接受那些给自己带来消极影响的抱怨，又如何快乐工作呢？不管是自己制造的抱怨，还是别人制造的抱怨，都要尽量远离，让自己多接触乐观的声音，才能远离烦恼和痛苦。

CHAPTER SIX

克服自卑

第六章

- 你有社交恐惧症吗
- 直面自己的缺点
- 学会欣赏自己
- 告诉自己我能行
- 做自己最擅长的事
- 不要太在意他人的评价
- 做人不要太敏感
- 用自嘲来化解尴尬
- 不要无端地猜疑
- 不要过多地指责别人
- 如何克服当众讲话的恐惧

你有社交恐惧症吗

社交恐惧症，又称社交焦虑症，是一种对公开场合感到恐惧或焦虑的精神疾病。患有社交恐惧症的人，对外部世界充满不安和排斥，他们不喜欢人多的场合，对陌生人有显著且持久的恐惧，害怕自己的行为或紧张的表现会引起难堪。这种恐惧源自内心深处的自卑感。你是否也患有社交恐惧症吗？做完下面这些测试题就知道了。每道题只有一个答案，将各项得分加起来，最后得到一个总分。对照后面的分数范围，便可知你是否患有社交恐惧症。

1. 在别人面前脸红会让我备受煎熬。

A. 从不或很少（1 分）B. 有时（2 分）C. 经常（3 分）D. 总是（4 分）

2. 我特别害怕在一些重要人物面前讲话。

A. 从不或很少（1 分）B. 有时（2 分）C. 经常（3 分）D. 总是（4 分）

3. 我尽量避免跟陌生人交谈。

A. 从不或很少（1 分）B. 有时（2 分）C. 经常（3 分）D. 总是（4 分）

4. 听到别人议论我，会让我觉得很不舒服。

A. 从不或很少（1 分）B. 有时（2 分）C. 经常（3 分）D. 总是（4 分）

5. 我无法在别人的注意下做事情。

A. 从不或很少（1 分）B. 有时（2 分）C. 经常（3 分）D. 总是（4 分）

6. 我害怕参加聚会或其他社交活动。

A. 从不或很少（1 分）B. 有时（2 分）C. 经常（3 分）D. 总是（4 分）

7. 我总是避免让自己成为焦点或交谈的中心。

A. 从不或很少（1 分）B. 有时（2 分）C. 经常（3 分）D. 总是（4 分）

8. 我经常想象自己跟别人谈话时手足无措的窘态。

A. 从不或很少（1 分）B. 有时（2 分）C. 经常（3 分）D. 总是（4 分）

9. 我讨厌当着众人讲话。

A. 从不或很少（1 分）B. 有时（2 分）C. 经常（3 分）D. 总是（4 分）

10. 每次见到陌生人，我就不由得发抖，心跳加快。

A. 从不或很少（1 分）B. 有时（2 分）C. 经常（3 分）D. 总是（4 分）

测试结果分析

10 分以下：放心，你没有一点社交恐惧症。

11 ~ 24 分：注意，你已经有社交恐惧症的苗头，继续发展下去，情况很可能不妙。

25 ~ 35 分：你患有中度的社交恐惧症，要注意作出调整，有时间可以去做一下心理咨询，从专业人士那里寻求建议。

36 ~ 40 分：你患有严重的社交恐惧症，尽快去看心理医生，争取早日摆脱困境。

直面自己的缺点

生活中，没有谁是十全十美的，丑陋的不是缺点，而是没有面对缺点的勇气。皎月看上去很美，表面却坑坑洼洼；美玉看上去光润无瑕，里面却夹杂着瑕丝。万事万物都有它的缺陷，但这不能成为悲观甚至失败的理由。

美国总统罗斯福中年时，带全家人在坎波贝洛岛休假，结果碰到当地发生森林火灾，他参加了这次救灾行动。之后，没等体力恢复他就下水游泳，结果患上脊髓灰质炎，俗称小儿麻痹症。当时，他已经是参议员，在政坛上炙手可热。遭此打击，心灰意冷，退隐乡下。

刚开始，罗斯福一点都不能动，只能坐在轮椅上。但他讨厌整天依赖别人将他从楼上抬上抬下。为了摆脱这种局面，他晚上一个人偷偷练习。

有一天，他告诉家人，他发明了一种上楼梯的方法，要表演给大家看。原来，他的方法就是先用手臂将身体撑起来，挪到台阶上，然后再把腿拖上去，就这样一点点爬上楼梯。

他的母亲看到后，对他说："你这样在地上拖来拖去，让别人看见多难看！"

然而，罗斯福却斩钉截铁地说："我必须面对自己的耻辱！"

与罗斯福相比，我们大多数人拥有健康的身体，却往往承受不了他那样的耻辱。面对自身的缺点或缺陷，我们要么怨天尤人，抱怨命运对自己不公，要么对缺陷视而不见，甚至引以为荣。我们以为用这种掩耳盗铃的方法，就可以掩饰我们内心的自卑，但这样做往往会给自己的成长埋下隐患，导致我们一生都无法取得质的突破。

正视缺陷，是成熟的一种表现。只有敢于正视自己的缺陷，才能认识到它的弊端，从而想办法改变自己，使自己变得更强大，最终弥补并战胜它。世界上没有人是绝对完美的，所以承认自己有缺点并不是什么丢人的事，相反，无视自己的缺点，甚至将它掩藏起来，才是最丢人的，因为即便你掩藏得再好，它总会在你不注意的时候跳出来，毁坏一切。

英国著名科学家史蒂芬·霍金年轻时不幸患上卢伽雷氏症，一生被禁锢在轮椅上，只有3根手指可以活动，但这丝毫不影响他成为历史上最伟大的物理学家之一。

在一次学术会议上，一位女记者向霍金提出一个尖锐的问题："霍金先生，你不认为命运使你失去很多吗？"面对记者的提问，霍金用他能活动的3个手指艰难地敲击键盘，在屏幕上写下了这样的话："我的手指还能活动，我的大脑还能思考，我有终生追求的理想，有我爱的亲人和朋友。对了，我还有一颗感恩的心。"

霍金的这番话让台下掌声雷动，他用自己的坚强和乐观感染了身边的每一个人。

一个人只有直面缺陷，才能避免产生心理的阴影，不自卑，不仇视他人，坦然面对他人的冷嘲热讽。在生活中，不退缩，不回避，充满自信。那么，怎样才能直面缺陷呢？

首先，要坦然面对缺陷。缺陷就像弹簧一样，你越是用力挤压，它给你的反冲力就越大。所以，要坦然面对自身的缺陷，不为缺陷所困扰，不因缺陷而自卑。面对上帝的安排，我们只有因势利导，发挥自身的优点，弥补缺陷造成的遗憾，才能成就精彩的人生。

其次，要学会弥补缺陷。用加倍的努力去克服缺陷，变所短为所长。慢慢地，你会发现缺陷也是一笔宝贵的财富，是激励人向上的催化剂。美国著名滑雪运动员戴安娜·高登从5岁开始学滑雪，但在12岁那年却得了骨癌，被锯掉了右腿。但她没有气馁，而是选择勇往直前，用强大的意志，穿越痛苦的深渊，最终站上了残奥会的最高领奖台。

学会欣赏自己

如果有人问，你最欣赏的人是谁？你多半会想起某个明星、企业家或科学家。懂得欣赏别人固然是好事，把偶像当作自己的榜样，激励自己不断前行。但在这么多值得欣赏的人当中，你却忘了那个最值得欣赏的人，那就是你自己。

也许你会问：自己有什么好欣赏的？生活平淡，事业一般，既没有引以为傲的成就，也没有值得夸耀的技能，甚至还有很多缺点和不如意。如果将我欣赏的人比喻为天上熠熠生辉的月亮，那我只不过是一只发着微光的萤火虫。这样比，当然会觉得自己很平凡，但平凡人也有自己的闪光点。就算你是一只萤火虫，也有月亮没有的优点，你可以自由飞翔，可以把光明带到你想去的任何地方，而月亮却只能周而复始地做着同样的运动。

很多人总是顾影自怜，觉得自己很倒霉，没有出众的容貌，没有显赫的家庭，没有过人的智慧……总是，一无是处。但其实，上帝对待每个人都是公平的，关键是你如何去看待自己。有可能你的长相一般，但你拥有白皙的皮肤或是迷人的眼睛；有可能你不太聪明，但你拥有灵巧的双手或是丰富的想象力。你可以放弃任何人，但永远不能放弃挖掘自我。

卡耐基说过一段耐人寻味的话："发现你自己，你就是你。记住，地球上没有和你一样的人……在这个世界上，你是一种独特的存在。你只能以自己的方式歌唱，只能以自己的方式绘画。你是你的经验、你的环境、你的遗传造就的你。不论好坏与否，你只能耕耘自己的小园地；不论好坏与否，你只能在生命的乐章中奏出自己的音符。"

一个人只有懂得欣赏自己，才能具备良好的自我感觉，从而自信地与人交往，充分发挥自身的潜力。一个不懂得欣赏自己的人，常常会以否定和怀疑的态度看待自己，这样做很可能会扼杀自己的创造力和想象力。生活中，很多人因为不懂得欣赏自己而产生自卑，看不起自己，甚至厌恶自己，从而酿成各种悲剧，给自己和家人带来莫大的伤痛。相反，一个懂得欣赏自己的人，总是散发着迷人的光彩，赢得别人的欣赏和肯定。

有心理学家做过这样一个实验：他们从众多大学生里挑出一个样子有点笨，不太招人喜欢，而且自卑的女孩。然后，私下里要求她的同学们改变以往对她的看法。同学们按照要求不时向她献殷勤，陪在她身边，假装夸耀她是一位聪明漂亮的女孩。结果不到一年时间，这位女孩就好像变了一个人。她表现出自信的一面，交际能力也得到了提高，浑身散发着一种美，这种美是在懂得欣赏自己的人身上才会展现出来的。

由此可见，学会欣赏自己对一个人来说有多么重要。美国一位著名音乐家说过："你自己与自己的心交流，要赞美它，让它感到你对它的赏识，那时候它才向你释放灵感。"一个人只有懂得欣赏自己，才能充分发挥自己的优点。所以，当你对别人羡慕不已时，不如静下心来想想，自己身上有什么闪光点，把这些闪光点发掘出来，你也会成为别人羡慕的人。

那么，如何学会欣赏自己呢？

首先，要学会爱自己。要爱自己，就得先了解自己，了解自己的优点和长处，这样才懂得如何爱自己。不要让别人的光芒灼伤你。在某些方面，你可能只是一粒普通的石子，就不要和宝石争夺光芒。在自己薄弱的方面，把目标定得低一点，即使你这次只考了 68 分，但只要比上次的 65 分高，那也是不小的进步。沿着目标走下去，你总有一天会赶上别人。

其次，要树立自信心。对自己要宽容一点，要相信自己是最特别的一个。你的一举一动牵动着许多人的心，有你的世界和没你的世界不一样。只要你有一个朋友，你就是与众不同的，你就是美好事物中的一员，至少你身上的品质感染过别人，你被别人信任过。

最后，要做真实的自己。虚伪的东西不能表达自己的内心，也不会产生任何价值。如果你欣赏的东西是虚伪的，那无疑是在自欺欺人。要活出真实的自我，表达内心的想法，知道自己真正想要的是什么，只有这样，才能发挥自己的特长，为自己的梦想而努力。

告诉自己我能行

任何人都可以成功，前提是，你要有足够的自信心。自信心是在对自己的自我肯定和充分估计的基础上，相信自己的一种心理状态。自信的人能够依靠自己的力量，将不可能的事情变成可能，将可能的事情变成现实。

1982 年，一个叫史蒂文·卡拉汉的年轻人独自驾驶一艘帆船穿越大西洋，途中他的帆船不知撞上什么东西沉没了。他偏离了航道，只能在救生筏里无助地漂浮。眼看着食物越来越少，生存的希望也逐渐渺茫。然而当 76 天后，3 个渔民发现他时，他居然还活着。

是什么让他活下去的呢？他的描述引人入胜。但最令人震撼的不是他的求生本领，而是他的求生意愿。在丧命的痛苦和无助折磨他的时候，在继续抗争显得毫无意义的时候，在别人遇到类似情况可能会放弃的时候，他却表现得与众不同。

“我告诉自己我能行，”卡拉汉在自传中写道，“比起别人的遭遇，我算是幸运的，起码我还活着。”他一遍又一遍地重复这些话，鼓励自己坚强起来。就是这简单的一句话，不断鼓励一个濒临绝境的人，克服各种不可预知的危险和困难，最终使自己成功地活下来。

与卡拉汉相比，我们是不是要幸运得多？尽管我们在生活中也会遇到各种挫折和不如意，但我们的生命没有受到威胁，我们还有足够的食物、水源。而且我们不是独自一人，我们还有可以依靠的朋友和亲人，我们可以向别人求助。卡拉汉在饥饿难耐、深度脱水、体力透支的恶劣环境中，依然坚持自己的信念，勇敢地闯过鬼门关。跟他相比，我们的情况要好上几十倍甚至上百倍，对此，我们又有什么理由放弃成功的希望呢？

告诉自己我能行，其实就是相信自己。无论做什么事情，都要有自信心，只有这样才有机会成功。生活中遇到一点打击，就自甘堕落，工作上遇到一点阻力就退缩，这都是不自信的表现。不相信自己，就不会迎头而上，任凭困难将自己打倒；不相信自己，别人就更不会相信你。这样的人生，是窝囊而失败的。反观那些成功的人，那些笑到最后的人，往往懂得在不如意、不顺心的时候，告诉自己我能行，重新收拾心情，整装待发，积极奋进。

日本著名指挥家小泽征尔成名前，有一次参加世界优秀指挥家大赛。在决赛中，他发现乐谱中有一个不和谐的音符。刚开始，他以为是乐队演奏出了问题，于是停下来重新演奏了一遍，但结果还是一样。因此，他认为是乐谱出了问题。

在场的评委都是当时的权威人士，他们坚持说：乐谱绝对没问题，是他错了。面对众多大师级的人物，小泽征尔思考再三，最后选择相信自己，他斩钉截铁地说："不！一定是乐谱错了！"话音刚落，评委席上的评委们立刻站起来，报以热烈的掌声。

原来，这是评委们精心设计的圈套，以此来验证指挥家是否对自己充满信心。其实，前面几位参赛者也发现了错误，但因为他们没能相信自己，最后都遭到了淘汰。只有小泽征尔因为相信自己，最终摘得了世界优秀指挥家大赛的桂冠。

俗话说：寸有所长，尺有所短。相信自己，就是要让自己的优势得以充分发挥。每个人的性格、气质、特长都不同，别人擅长的东西对你来说可能很困难，你拥有的东西别人可能永远都得不到。因此，不要羡慕别人，要找到自己的优势，挖掘自身的潜能，在现有的基础上不断进步，这样我们就能逐步树立起信心，最终走向成功。

做自己最擅长的事

人不是万能的，每个人都有自己不会做或不擅长的事情，执意把精力浪费在这些事情上无疑是愚蠢和不明智的。智者善于扬长避短，把精力放在自己擅长的事情上，成为某一领域的佼佼者。愚者则在自己不擅长的事情上纠缠不已，结果吃力不讨好，无缘成功。还有很多跟风者，别人做什么就跟着做什么，最后都栽了跟头。

所以，一个人做事之前，应该先想一想，这事自己擅不擅长、能不能胜任。尤其是当你把这件事当成毕生追求的目标或者事业时，更要慎重对待。只有确信你即将要做的事情是自己擅长的，才有信心做好，也才能坚持下去，善始善终。

约翰出生在一个物理世家，父母都是物理学界的权威人士。他们希望他能继承衣钵，将来在物理学上有所建树，甚至超越他们。于是，夫妻俩从小就注意培养约翰在物理学方面的兴趣。可不知道为什么，约翰就是对物理不感兴趣，反倒对经商青睐有加。他总是在私底下偷偷学习经商知识，有时甚至到了忘我的程度。长大后，他顺从父母的意愿，在一所学校教授物理学。但他很清楚，物理不是他擅长的事情，经商才能让自己更开心。最终，父母不再勉强他，约翰开始放手在商业上一搏。数年后，拥有丰富的商业知识和经历的约翰，终于在商界开拓出自己的一片天地，成为英国赫赫有名的地产大亨。

知道自己的兴趣点，了解自己的优势和特长，自然对自己擅长的事情了然于胸。但很多人终其一生，不知道自己有什么特长，更不要说利用它来做自己擅长的事情。其实，每个人都是一座待开发的金矿，只要肯挖掘，总能找出令自己欣喜的宝藏出来。

有一个贫穷的法国年轻小伙儿，在巴黎流浪时遇到父亲的好友，希望对方看在父亲的面子上给他找一份可以糊口的工作。那位老者问他有什么特长，他羞愧地说自己一无所长。老者说：“那你先留下你的地址，等我找到适合的机会再通知你。”年轻人留下自己的地址，道完谢正准备离开，老者一把拉住了他：“你怎么说自己没有特长？你的字写得很好啊。”年轻人疑惑不解：“字写得好也叫特长吗？”老者回答：“当然。写字能够反映一个人的文化修养和内涵。你要有自信，在找到工作前，一定要先找到自己的特长，然后将它发挥到极致，这样才能在工作中得心应手。”年轻人不住点头。

后来，这个年轻人在一所中学找到一份工作。在那里，他发现自己在文学上的天赋，并将这一天赋发挥到极致，最终享誉世界文坛。这个人就是法国文学巨匠大仲马。

在这个世界上，有很多平凡的人或许没有什么耀眼的特长，却有类似“字写得好”这样的小特长，但他们因为不自信忽视了这些特长，最终丧失了挖掘自身宝藏的机会。

事实证明，做自己擅长的事，遇到的挫折和阻力更小，成功的概率更高，就算不能获得成功，也会因为做自己擅长的事，从中找到乐趣。剔除功利心，纯粹只是为了做事，这样的人拥有别人所没有的超脱和愉悦，他们不断丰富自己的生活，充实自己的内心世界。

不要太在意他人的评价

人生在世，无论你做什么事，都会有人看在眼里，并对你的所作所为作出评价。这些评价有的是积极正面的，有的是消极负面的，有的是讨好你的，也有的是诬陷你的。对于这些评价，如果你太关注或太在意它，就会感觉很累，有时甚至是痛苦、难过和愤怒。一旦你被这些负面情绪控制，就无法保持良好的心态，接下来的事情就很难再进行下去。

每个人都会根据自己的经验、知识、道德来作出评价，这些评价往往是从自己的角度出发，站在自己的立场上讲话，因为每个人的立场和看问题的角度不一样，所以得出的评价不尽相同。如果太在意这些评价，就会影响你对某件事情的坚持，动摇你的信心。所以，不要太在意别人的评价，每个人都有发表自己观点的权利，我们没必要听每一个人的看法。

举个例子，你在马路边扶起一位摔倒的老人，尽管看似好事，但有人会夸赞你助人为乐的精神，也有人会劝你少管闲事，免得被讹诈，惹一身麻烦；你在网上晒出一张与老公在豪华游艇上的亲密照片，有人会羡慕你们的恩爱，也有人会骂你作秀、炫富。总是，无论你怎么做，都会得到不同的评价。你是想听积极的一面，还是想听消极的一面呢？

有父子两人买了一头驴，赶着往回走，没走多远就遇到一群人。其中一个说："你们见过这种人吗？放着驴不骑，自己走路。"父亲听了这话，立刻让儿子骑到驴背上。他们又往前走，遇到一群聊天的老头儿，其中一个说："现在都什么风气？儿子享福，老子受罪。一点不知道孝敬老人，成何体统？"父亲听了，觉得很有道理，就让儿子下来，自己骑上去。

走了一会儿，又遇到一群妇女，其中一个喊道："你这老头儿，是他亲生父亲吗？自己骑驴，让儿子在后面跑，看把孩子累成什么样了？"于是，父亲把儿子抱上来，跟他共骑一头驴。走着走着，来到一座教堂前，一位牧师看到他们，叫道："你们俩太不像话了，骑在如此瘦弱的驴身上，会把驴累死的。"听了牧师的话，父亲和儿子赶紧跳下驴背，找来绳子和棍子，把驴腿绑起来，抬着驴往前走。结果走到一座桥上时，被许多人围住了。大家都取笑他们有驴不骑的愚笨行为。就在父子俩手足无措的时候，驴挣断绳子，掉进了河里。

看到这个笑话，你是不是会忍俊不禁？先别急着笑，其实很多时候，我们就像故事中的父子俩，因为太在意别人的评价，结果将自己的手脚牢牢捆住。做事情要敢于坚持自己的想法，不要被别人的意见左右，一会儿朝东，一会儿朝西，最后做出可笑的事情来。

有时候，评价只是别人茶余饭后随口说说而已，并没有对错之分，如果你太在意，将它放在心上，就是对自己的束缚，给自己划定条条框框，做起事来顾虑重重。还有些评价只看到事情的表面，未经深入分析便作出浅显的判断，将这作为标准，会让你错失很多机会。

爱迪生年幼时，老师说他悟性差，但他通过自己的努力，成为伟大的发明家；邓亚萍从小个子矮，当运动员不被人看好，但她通过自己的奋斗，成为乒乓球世界冠军。生活中，人们总是说："这个人，我看不行。"可最后，这个不行的人往往会一鸣惊人。

不被别人的评价所左右，这是独立和成熟的表现。意大利诗人但丁在长诗《神曲》中喊道："走自己的路，让别人说去吧。"只要自己行得正、坐得端，目标明确，就别管别人怎么评价，悠悠众口，你不可能完全堵上。武则天留下无字碑，功过任由后人评说，说明她有自己的主见，不在乎别人的评价。只有做好自己该做的事情，活出自己的人生，才会快乐。

当然，走自己的路，并不是一意孤行，不听取别人的劝阻。所谓忠言逆于耳，那些不好听的话，有时候恰恰是我们改正错误的机会，能够让我们及时修正航向，从而离成功越来越近。对于那些无聊，或者饱含揶揄、攻击的评价，大可一笑而过，实在没必要放在心上，耿耿于怀。说到底，我们是为了自己，而不是为了别人的评价而活着的。

做人不要太敏感

生活中，有许多人学历高，头脑聪明，善于察言观色，把问题看得很透彻。按理说，这样的人很容易获得成功，但事实并非如此。究其原因，就在于这些人为人处世太敏感。他们对信息的处理能力很快，但因为太敏感，所以瞻前顾后，顾虑重重，最终错失了良机。

举个例子，领导无意中说了你一句，你就认为领导对你有意见，从此远离领导，做事也不再像以前那样积极主动；同事间说了句悄悄话，你就怀疑别人在背后说你坏话，于是对别人的态度开始变得冷漠；客户跟你开了个玩笑，你就认为对方侮辱了你的人格，宁愿放弃一大笔单子，也要维护自己的尊严。总而言之，你时刻关注别人的一举一动，总觉得别人的一颦一笑都暗藏深意，对你十分不利。其实，很多怀疑就像杯弓蛇影一样，是毫无根据的，纯粹是自己的敏感在作怪，而这种敏感，常常给自己带来无穷无尽的烦恼。

可以说，有时候阻止我们成功的，不是我们不知道的事，而是我们坚信不疑，而实际上并非如此的事。我们错失机会，不是因为我们想得少，而是因为我们想得太多。

有个中国留学生，在美国读书期间，得知一位知名教授要招聘助教。如果能成为这位教授的助教，不但可以在不影响学业的前提下，获得一份丰厚的收入，而且还能接触到当今世界最先进的知识。于是，这名留学生跟其他几个中国留学生一同欣然前去应聘。

不出所料，报名应聘的人很多，来自世界各地很多国家。经过层层选拔，共有 30 个人参加最后的角逐。这名留学生和他的几个同伴也位列其中。然而，其他几名留学生在得知这位教授曾在抗美援朝战争中被中国人俘虏过的背景后，都失望地选择放弃。他们认为教授做过中国人的俘虏，一定会憎恨中国人，不可能选择中国人做助教，只有放弃才是明智的。

但这名留学生没想那么多，他参加了最后的选拔，并获得了成功。最后，教授问他：“知道我为什么选你吗?”这名留学生摇了摇头，教授笑道：“其实，你并不是所有应试者中最优秀的，但你不像你那些看起来聪明的同学，他们太敏感。我需要的是助教，不是外交官，只要做好我的助手就可以，翻以前的旧账干什么？当年我上战场并非自愿，被俘虏不是我的耻辱，上战场才是。年轻人，我很欣赏你没有太复杂的念头，这就是我录用你的原因!”

一个人太敏感，就会像故事里的那几名留学生一样，放弃眼前的机会，不但影响自己正常的思维，还会影响自己的前程。过度敏感的人总是贬低自己，哪怕是很小的困难，都会让他们怀疑自己的能力。与此同时，他们非常在意外界那些不好的评价，甚至会因此感觉自己一无是处，像个傻子。以这样的心态对待挫折，是很难从中走出来，重新开始的。

要想活得快乐，要想让别人对自己产生好感，就要克服过于敏感的心理。那么，如何才能克服敏感的心理呢？以下几点值得参考。

①不要高估自己。对自己评价太高，觉得自己了不起，反而容易在遭受挫折时过于敏感。相反，将自己融入集体中，把自己看作一个普通人，就能避免因自尊造成的过度敏感。

②与人为善。与人相处时，要保持心平气和，宽以待人，这样别人才会同样对待你。要记住别人对你的好，忘记别人对你的不好，这样你才会快乐，才不至于过度敏感。

③不要妄自揣测别人的行为。不要整天揣测别人的一举一动是什么用意，很多人像你一样，都是很坦诚、很率真的，他们没那么多心机，时时想着如何算计别人。所以，不要计较和分析别人的行为，越分析越痛苦，越分析越敏感，顺其自然就好。

④到户外走走。推开家门，到大自然中去走走，到海边吹吹海风，让清新的空气拭去你内心的烦恼和忧愁，将头脑中过于敏感的念头统统过滤掉。

用自嘲来化解尴尬

生活中，我们难免会遇到一些尴尬的情况。对此，自卑的人遮遮掩掩，试图辩解，结果越抹越黑。而自信的人，则通过自嘲来化解尴尬。

自嘲不是自我辱骂，更不是出自己的丑，而是一种以退为进的智慧。自嘲的人，对自己的丑处非但不遮遮掩掩，反而夸大其词，自圆其说，以此来博得众人一笑，同时展示出自己的风度和智慧。有时候，还能有力地还击那些含沙射影、无理取闹的小人。

乌戴特将军是德国空军著名将领，患有谢顶的顽症。

有一次，乌戴特作为主要嘉宾，出席了由柏林空军俱乐部举行的招待会。会上，一位年轻的士兵在斟酒时，不小心把酒泼到乌戴特将军的秃头上。冒失的士兵被吓得手足无措，会场上顿时鸦雀无声，场面非常尴尬。

没想到，乌戴特将军不但没生气，反而微笑着对那个士兵说："老弟，你以为这种疗法会有效果吗？"在场的人听了无不哈哈大笑，宴会又恢复了欢乐的气氛。

乌戴特将军用一句轻松的自嘲，巧妙地化解了尴尬，不但使自己摆脱了窘境，还彰显了自己宽大的胸襟。试想，如果乌戴特将军因为士兵的冒失之举，大发雷霆，严厉训斥，不但会令士兵难堪，将军本人也会给人留下十分糟糕的印象。

自嘲不仅可以化解尴尬，有时还能避免不必要的争吵和矛盾。

有一天，著名诗人歌德去公园散步，碰巧遇到一个经常抨击自己的人。仇人见面分外眼红，那个人显得非常傲慢，他站在歌德面前，不屑一顾地说："我从来不给蠢货让路！"

面对这样的挑衅，歌德并没有生气，也没有发起正面攻击，而是用自嘲的语气答道："我倒是正好相反。"说完，笑着给那人让了路，等那人走过去以后，自己才通过。

歌德的一句自嘲，既没有激化矛盾，又保全了面子，可谓柔中带刚、恰到好处。

在人际交往中，面对别人的嘲讽，哀怨和自卑都无济于事。这时，不妨用自嘲来回赠对方，让大家在哈哈一笑中冰释前嫌，而不要想着如何用恶毒的方式报复对方，激起对方的怒火。举个例子，有人说你："怪不得属猪，可真能吃。"这时你不妨自嘲道："所以，咱俩才能聚在一起呀。"这样说既保全了自己的面子，又不至于让对方颜面扫地。

并不是每个人都喜欢自嘲，因为自嘲就是自己骂自己，拿自己的缺陷和过失开涮，所以只有自信的人才敢使用这个武器。不过，一旦你掌握它，其回报也是可观的。它不但能帮助你化解尴尬，拉近人与人之间的距离，还能帮助你保持心理上的平衡，在你遭到别人的攻击或孤立无援时，帮你放松紧张的情绪，给自己增添信心和勇气。

清朝时，有一位画家，一只眼睛视力很好，一只眼睛视力模糊。于是，他就用"一目了然"来自嘲。这里的自嘲不是自卑，也不是看轻自己，而是用幽默的方式坦然面对现实。比起那些把自己的缺陷遮掩起来，唯恐被别人知道的人，画家的做法实在是聪明许多。

尽管自嘲能够化解尴尬，但在社交场合，却不能任意妄为，得注意分寸。

①要注意场合。虽然自嘲可以用来表达某一观点，但它也有局限性，不能乱用。比如在对话答辩、调查访问和座谈讨论中，应该坦率地表达自己的想法，不要使用自嘲。如果不看场合，随意滥用，很可能会弄巧成拙。

②要保持谨慎的态度。积极的自嘲，往往代表了自嘲者的自尊、自爱和自强，自嘲者用看似消极实则积极的态度，促使交谈向良好的方向发展。如果采取纯粹玩乐、嘲笑别人的不负责态度，使用自嘲的语气，将会伤害对方的感情，不利于双方的交往。

③要点到为止。自嘲的话往往短小精悍、委婉含蓄，唯有如此，才能让人感觉到难以抵挡的魅力和不可言传的奇妙。如果喋喋不休，反复自嘲，反而会产生不良的效果，甚至引起别人的反感，从而破坏双方的交谈氛围。所以，自嘲要点到为止，切忌贪多嚼不烂。

不要无端地猜疑

生活中，我们都遇到过这样的情形：你走进办公室，大家议论的话题突然中止；你的上级平时总是训斥你，最近几天却突然不再训斥你……碰到这样的事情，你的心底是不是开始犯嘀咕？是不是觉得别人有事情瞒着你？其实，这多半只是你的猜疑。

每个人都有猜疑的时候，疑心是一种正常的自我保护心理，但疑心却有轻有重，对人对事不放心，太敏感，总是无端猜疑，就不是正常现象了。

多疑的人通常不只对环境和他人，有时甚至对自己都缺乏信心。对环境不熟悉，难免心生疑窦；对他人不信任，就会处处防范；对自己不信任，就会担心别人看不起自己，说自己坏话。这样的人很难适应新的环境，有时甚至对朝夕相处的人，也会疑神疑鬼。这种对他人的不信任，归根结底是对自己不信任造成的。例如，一个人如果在某些方面不如别人，就会怀疑别人总是在议论自己，看不起自己。一个自信满满的人是不会太关注别人的举动的。

从前，有个书生天生愚笨，而且胆小。一次，他头顶月亮出门赶路。白色的月光照在他身上，投下一个黑漆漆的影子。他每走一步，那影子便跟着他走一步。他低下头，看到那个黑影，以为有小鬼跟着他，于是浑身颤抖起来，猛地抬头，又看见北风吹起自己的头发，以为是女鬼的头发。吓得他拔腿就往家里跑，因为跑得太猛，喘不过气来，窒息而死。

天下本无鬼，但一个多疑的人，心中却能生出鬼怪来。由此可见，猜疑往往会给自己塑造一个敌人，最终影响自己的情绪。不仅如此，多疑的人通常比较自私，防御心理很强。他们对所有事情的猜疑，都可以追溯到自我保护这样一种心理。

我们都知道曹操生性多疑，为此，他不但将热情款待自己的吕伯奢一家灭口，还将为自己治病的华佗赐死。历史上，明太祖朱元璋也是一个疑心重、喜欢捕风捉影的人。

朱元璋当和尚时，结识了一位和尚朋友，两人关系非同寻常。他当上皇帝后，还经常邀请那位和尚朋友进宫相聚。和尚知恩图报，便写了一首诗来歌颂他的丰功伟绩。

这首诗的第一句是“金盘合苏来殊域”。朱元璋看了怒气冲冲，立即将这位和尚朋友斩首示众。满朝文武非常惊恐，不知和尚哪里得罪了皇帝。他们研究了很久，才发现诗中的“殊”字是由“歹”和“朱”两个字组成，朱元璋拆开念，无论从左往右，还是从右往左，都是骂他不是好东西的意思，所以一怒之下，斩杀了和尚。

可怜的和尚，本想拍皇帝的马屁，结果竟惹来杀身之祸。这种因为多疑而迁怒于人的举动，可谓防卫过头，几乎成了一种变态行为。现代人虽然不会像曹操和朱元璋那样，动不动就杀人，但疑心一上来，神经过敏，同样会捕风捉影，无中生有。这种行为，不但会影响正常的人际关系，还会令自己烦恼不已，损害个人的身心健康。

那么，生活中如何才能克服多疑的心理呢？以下几点值得借鉴。

树立自信心。很多人对别人怀有强烈的敌意和戒备心，凡事总喜欢猜疑，这是太在意自己的弱点和缺陷，缺乏自信的表现。这些人因为觉得自己不如别人，不被人喜欢而变得敏感多疑。因此，要克服多疑的心理，首先就要树立自信心。一旦有了自信心，凡事相信自己能够做得很好，不比别人差，就不会在意别人对自己的看法，也不会因为自卑而多疑了。

胸怀坦荡。对别人的议论，要坦然相对。如果你因为惧怕而躲躲闪闪，反而容易被人误解。即使别人真的在议论自己，也要本着谦虚的态度，有则改之，无则加勉。俗话说：谣言止于智者。以这种坦荡的胸襟来对待别人的议论，就会无所畏惧。

跟别人多交流，多沟通。猜疑常常是由误会和一些爱搬弄是非的人引起的。只要经常跟别人进行交流，加强自己的人际关系，就能消除疑惑和误会，增进友谊和信任。

此外，要学会树立远大的理想，培养广泛的兴趣，宽以待人，这些都能够避免自己因为对一些小事斤斤计较而产生无端的猜疑。

不要过多地指责别人

有些人总喜欢批评别人，指责别人这个不对，那个不对，更有甚者，直接说出心中的想法，告诉别人这样做才是对的。这其实是一种缺乏自信的表现。有这种倾向的人，不知有没有想过，别人之所以那么做，或许有别人的道理。

有一头小猪、一头母牛和一只绵羊关在同一个畜栏里。有一天，主人抓住小猪，小猪大声号叫，用力挣扎。母牛和绵羊非常讨厌它的叫声，就说："主人也常常抓我们，可是我们从来都没有大呼小叫过。"小猪听了，回答道："抓你们跟抓我不一样啊。抓你们只不过是要你们的羊毛和乳汁，而抓我却是要我的命呀！"绵羊和乳牛听了，都无话可说。

每个人有每个人的立场，每个人有每个人看问题的角度，让不同的人做同一件事，可能会有不同的做法，你不能因为别人跟你不同，就指责别人的做法是错的。就算别人错了，在别人没有征求你的意见之前，你有必要指责别人吗？要知道，指责一出口就意味着伤害。

指责别人的话通常很直接，而且言辞激烈，让人听着不舒服。这样的话一旦说出口，别人的面子是挂不住的，就算你说得再有道理，别人也未必赞成，也许还会说你多管闲事，这样你一言我一语争吵起来，矛盾也就产生了，影响双方的感情。别说关系一般的朋友，哪怕是至亲之间，也最好慎用或者不用，因为言语上的伤害有时比肢体上的伤害更严重。

不仅如此，指责别人会显得你很肤浅。你以为指责别人，就能显示自己的高明吗？恰恰相反！且不论你指责别人的话是对是错，单论这种爱表现的行为，就足以让人反感。自古以来，爱出风头的人总是被人们抨击，不受人待见，尤其当你通过贬损别人来抬高自己时，你赢得的不是人们的尊重，而是鄙视，别人会觉得你目中无人，以后谁还愿意跟你共事？

所以，在你指责别人的时候，一定要三思而行。有时候，只要换位思考一下，想想如果我是他会怎么做，就能避免很多误会的产生。

圣诞前夜，一位母亲带着4岁的孩子去买礼物。走在大街上，到处都能听到圣诞赞歌，橱窗里摆放着漂亮的彩灯和各种玩具，还有可爱的小精灵围绕在周围。

“对孩子来说，看到这些会感到多么兴奋呀！”母亲想当然地认为。

没想到儿子不但不高兴，反而拉着她的衣角，呜呜地哭了起来。

“怎么回事？你要是再哭，可就见不到圣诞精灵啦！”母亲有些生气，语气非常严厉。

“我的鞋带开了……”儿子胆怯地说。

母亲只好蹲下来，帮儿子系鞋带。她无意中抬起来头，看到一个完全不同的世界：没有炫目的彩灯，没有漂亮的橱窗，也没有圣诞礼物……那些东西放得太高了，除了行人的脚步和女人们摇摆的裙子，孩子什么也看不到……真是毫无趣味可言！

这是母亲第一次从儿子的高度观察这个世界，结果令她非常震惊。她站起来，把儿子抱住，放在自己的肩头，儿子突然开心地笑了：“妈妈，好漂亮的圣诞节呀！”

很多时候，我们就像故事中的母亲一样，总是站在自己的立场上指责别人。其实，只要你换个角度，站在别人的立场上看问题，就会对别人多一份理解，同时也赢得别人的尊重。

如何克服当众讲话的恐惧

当众讲话是职场必备的技能，但很多人却对它感到恐惧。美国心理学家曾对3000人做过一次心理测试：你最担心的是什么？结果，有40%的人认为最令他们担心也是最痛苦的是在大庭广众前讲话，而死亡仅仅排在第六位。

徐兵刚到公司第一天，部门经理就当着众人的面，把他介绍给其他人，还夸赞他毕业于名校，才华横溢，给足了他面子。然后，部门经理当着大伙儿的面让他简单说两句，结果他愣在那里，半天说不出一句话来。部门经理只好给他打圆场，这事就这么过去了。

但徐兵却觉得很难堪，对此事耿耿于怀，他甚至怀疑同事们背地里笑他虚有其表，名不副实。尤其一遇到开会需要当众讲话时，他就语塞，在下面想好的话也经常忘了。有好几次他看到部门经理无奈地摇了摇头，对他似乎也失去了原先的热情。

这让本来就内向的他，变得更加不爱说话。慢慢地，他变得越来越自卑。

对很多人来说，平时交流都不成问题，但一遇到当众讲话就发怵。你是不是也跟案例中的徐兵一样，每次当众发言就紧张怯场，脑中一片空白，最后陷入语无伦次的尴尬境地？

其实，不光是你，历史上很多著名的演说家第一次当众演讲时也怯场。马克·吐温第一次当众演讲时，什么也说不出来，心跳快得像刚完成百米冲刺；印度总理英迪拉·甘地首次当众演讲时，紧张得声音都变了，像是在尖叫一般；英国首相丘吉尔刚开始当众演讲时，心里也很没底。所以，你完全没必要因为演讲怯场而感到羞耻。

那么，如何才能克服当众讲话的怯场心理呢？以下几方面值得借鉴。

①树立自信心。掌握说话技巧固然重要，但前提是有足够的自信心。

自信心能给人以安全感，让你敢于跟他人相处，发表自己的独特见解。只要你有足够的自信，你的心中就会燃起激情，有一种不吐为快的冲动。在这种状态下，你说出的话甚至会超出你的预期，而别人自然也会对你刮目相看，给你赞赏和鼓励，从而进一步增强你的自信心。

②找到恐惧的根源。很多人平日口才很好，在熟人面前口若悬河，但人一多就发怵，紧张得说不出话来。对此，有些演讲速成班建议你发扬不怕出丑的精神，这纯属盲人摸象。每个人怯场的原因不尽相同，有的是经历过一次失败的演讲，最终留下阴影，有的是因为自己的知识储备不够，也可能是在权威面前担心出错，故而紧张。只有找到恐惧的根源，然后采取针对性的措施，才能从根本上解决问题，克服当众演讲的怯场心理。

③勤加练习。害怕当众讲话，很多时候是因为练习少。俗话说：熟能生巧。一个人反复做一件事，就会对此习以为常，心里自然平静如水。当众讲话也一样，如果你只知道看书不练习，那么掌握再多的理论，也无法克服恐惧心理。所有的演讲大师都是通过不断地练习，逐渐丰富自己的演讲经验和技巧的。所以，要想克服当众讲话的恐惧心理，就要多给自己创造一些机会，可以先从简单的几句话甚至几个词语开始，也可以从自己的亲朋好友开始，由简单到复杂，由熟悉到陌生，在不同的情景中锻炼自己，慢慢消除自己的恐惧心理。

当然，以上三点比较笼统，每个人的情况不尽相同，还需要根据个人的情况，具体问题具体分析，但无论哪一种情况，都适用这三点。再根据个人的特点，有针对性地练习，相信假以时日，必定能突破心理障碍，对当众讲话不再感到恐惧。

CHAPTER SEVEN

消除焦虑

第七章

你有焦虑情绪吗

现代社会，随着生活节奏的加快，焦虑已成为非常普遍的问题，很多人都有不同程度的焦虑，严重的甚至会发展成焦虑症。尽早发现自己的焦虑情绪，及时进行排解，有助于我们的心理健康。下面这个测试，可以帮助你测试自己的焦虑程度。

1. 你是否经常担心自己的健康状况？

A. 是（1分）B. 否（0分）

2. 你一个人在黑暗中是否会感到害怕？

A. 是（1分）B. 否（0分）

3. 你会过分关注生活中的琐事吗？

A. 是（1分）B. 否（0分）

4. 你非常在意别人对你的态度？

A. 是（1分）B. 否（0分）

5. 你经常需要服用安眠药才能入睡？

A. 是（1分）B. 否（0分）

6. 你经常服用镇静安神药，以使自己平静下来？

A. 是（1分）B. 否（0分）

7. 你是否能让自己很快放松下来？

A. 是（1分）B. 否（0分）

8. 你是不是总对一些事情不放心？

A. 是（1分）B. 否（0分）

9. 你经常被突然响起的电话铃声吓一跳？

A. 是（1分）B. 否（0分）

10. 外出旅行时，如果跟其他人走散了，你是否会害怕？

A. 是（1分）B. 否（0分）

11. 如果别人取笑你，你是否会觉得惴惴不安？

A. 是（1 分）B. 否（0 分）

12. 你是不是一个以自我为中心的人？

A. 是（1 分）B. 否（0 分）

13. 你非常生气或紧张时，声音会颤抖吗？

A. 是（1 分）B. 否（0 分）

14. 你经常会有恐慌的感觉？

A. 是（1 分）B. 否（0 分）

15. 在社交场合中，你经常感到脸红？

A. 是（1 分）B. 否（0 分）

16. 你是不是经常到了睡觉时间，还躺在床上反复考虑一些事情？

A. 是（1 分）B. 否（0 分）

17. 你是不是经常感到坐立不安？

A. 是（1 分）B. 否（0 分）

18. 你经常因为小事而发怒吗？

A. 是（1 分）B. 否（0 分）

19. 外出或临睡前，你总是要反复查看门窗是否锁好？

A. 是（1 分）B. 否（0 分）

20. 出了差错或遇到困难时，你经常感到不安和焦虑？

A. 是（1 分）B. 否（0 分）

测试结果分析

3 分以下：你的心态很平和。面对问题或挫折时，你能够做到临危不乱，应对自如，而且对生活充满了信心。

4 ~9 分：你基本上可以控制自己的情绪，但仍有一些焦虑。可采取一些必要措施，转移注意力，或以平常心对待，减少不必要的担心，从而降低自己的焦虑程度。

10 分以上：你非常焦虑。分数越高，表示你越容易焦虑，承受各方面的精神压力。你经常为一些小事焦虑。要注意引导自己走出焦虑情绪，必要时向心理医生进行咨询。

事情没有你想象的那么糟糕

我们每个人都有一种与生俱来的恐惧感，会对陌生的环境或者突如其来的打击产生莫名的恐惧，但是当你踏出第一步的时候，你会发现，原来事情并没有想象的那么糟糕。

一位母亲带着5岁的儿子行走在人群中，当她发现儿子不在身边时，马上慌了神。刹那间，她想到了无数种可能：孩子走丢了？被人绑架了？要永远失去他了？可是，当她平静下来，恢复理性思考后，她很快作出判断。她想到他可能去了什么地方。然后，她深深吸了口气，忘掉心中所有焦虑的想法。这时，她想到儿子喜欢爬楼梯，而刚才他们刚好经过一道楼梯。于是，她赶紧往楼梯的方向跑。1分钟后，她果然在楼梯那里找到了儿子。

试想，如果这位母亲找不到孩子后，不能马上平静下来，而是把事情往坏处想，她就不可能理性分析问题。那样的话，她很可能真的会把孩子弄丢，至少不会这么快找到孩子。

有个年轻人，他的父亲病了，自己的感情遭遇挫折，工作也不顺心，觉得糟透了。他每天情绪都很低落，觉得自己是天底下最悲惨的人。有朋友问他："你说生活糟透了，那到底糟到什么程度？"他答道："天底下最倒霉的事都让我遇上了，这难道还不够糟糕吗？"朋友说："那糟糕到你吃不下饭睡不着觉，觉得生不如死了吗？"他说："那倒不至于。"

很多时候，事情远没有你想的那么糟糕，只是我们杞人忧天，自己吓唬自己。所以，当你觉得工作不顺利、老板太抠、薪水太低时，首先要让自己冷静下来，想办法解决问题，而不是让消极情绪控制你，让自己变得恐惧焦虑、怨天尤人。

如果你觉得工作不顺利，那么想一想，是不是自己的工作能力有限，或者在沟通上有问题；如果你觉得同事关系太冷淡，那么想一想，是不是自己没有设身处地为他人着想。很多人在工作中遇到点小困难就胡思乱想，觉得自己的处境很糟。例如，因为马虎犯了一个小错误，被上司训斥了一顿，就觉得领导讨厌自己，随时可能被炒鱿鱼。与其被炒鱿鱼，不如自己主动提辞职。就这样，一个小错误就导致了辞职的严重后果。其实，换个人的话，很可能会把领导的批评当作动力，更加积极地投入工作。不同的心态导致了不同的结果。

彭宇在一家物流公司工作，他整天不是说经理太难对付，就是说同事不好相处，工作上也总是觉得没有自己的用武之地，体现不了自身的价值。

有一天，他又向妻子抱怨。妻子实在听不下去了，打断他说："可我听你同事小刘说公司挺好啊，经理聪明能干、体贴下属，同事间也有说有笑，挺容易相处。哪有你说的那么糟?"

彭宇愣了一下，说道："他的话你也信?"妻子反驳道："那小陈、小胡呢? 他们也觉得很好啊。分明就是你心态有问题，情况根本不是你想象的那么糟糕。"

彭宇顿时哑口无言。

法国作家莫泊桑说过：生活不可能像你想象的那么好，但也不会像你想象的那么糟。用积极的心态看待事情，凡事都有解决的办法；用消极的心态看待事情，只会抱怨自己的处境不如人。你三十好几了，还没找到结婚对象，于是抱怨现在的女孩都是势利眼，自己没车没房，不会跟你这个穷屌丝吃苦受罪。当你觉得自己的处境糟糕透顶时，有没有想过，在你身边还有更加不幸的人？同事小李跟你同龄，也是穷屌丝一个，而且出身单亲家庭，但人家却找到了一个死心塌地跟自己过日子的漂亮女孩。他的处境比你好吗？那些没钱没车没房的人多的是，都一辈子打光棍了吗？自己不去积极争取，光把事情往坏处想有什么用？

事情远没有你想象的那么糟糕，什么是最糟糕的事情呢？死亡！所以，只要还活着，所有的事情都不是最糟糕的，至少你还活着，只要活着，你就有笑对人生的理由！

接受生活中的不完美

生活不可能事事如意，有欢笑就有痛苦。很多事情都会让我们感到沮丧和烦恼，例如失恋、缺钱、寂寞、跟人闹别扭等。这些事情是无法避免的，只要活在这个世界上，就会遇到这样的小插曲，排斥和逃避绝不是明智的做法，只有正视它，接受它，才能让我们以积极的心态去应对它、改变它，从而朝相对完美的方向迈出重要的一步。

接受生活中的不完美，就要拒绝做一个完美主义者。这个世界本来就是不完美的，但在完美主义者眼中，所有的不完美都是对他们的折磨和摧残，这是造成他们不开心的主因。

有个男人孤独了一生，因为他一直在追求完美的女人。当他60多岁时，一个年轻人问他："你这一生总是在旅行，始终在寻找，难道就没找到一个完美的女人？"

老者伤心地回答："有一次我碰到一个完美的女人。"

年轻人问："那你们为什么不结婚？"

老者叹了口气，沮丧地回答："没办法，她恰恰也在寻找一个完美的男人。"

像老者这样的人，是典型的完美主义者，他们经常患得患失，害怕失败的焦虑和恐惧牢牢捆住他们的心，阻碍他们前进的步伐，使他们形成固执、刻板的性格。这样的人往往对自己有很高的要求，一旦达不到理想的境界，就会有挫败感，难以接受现实。

人非完人，难免犯错，如果只盯着缺憾，心中自然郁结，无法体会到欢乐的滋味。要想过得开心，就要学会接受生活中的不完美，把注意力放在积极的事情上，多想想自己做对了哪些事情，有哪些优点，这样你才会信心百倍。

这样做并非避重就轻，也并非逃避责任，而是给自己的心灵注射一剂镇静剂，让自己理性看待人生百态，不为那些无法避免的缺憾耿耿于怀。有了这样的心态，做事情的时候才敢放心大胆地去做，而不是瞻前顾后、畏首畏尾，这样反而能够更专注于你所做的事情。

接受生活中的不完美，要求我们有一颗宽容的心。谁都会有缺点，谁都会因为这样那样的原因犯错，不能因为这些不完美，就感到沮丧和焦虑。相反，要像包容孩子天真、幼稚的做法一样，包容这些不完美。正是有了这些不完美，我们才会时刻提醒自己，更正自己，催自己奋进；正是有了这些不完美，我们才能体会到人生百味。如果只有甜和笑，那活在这个世界上又有什么意义？世界并不完美，人生当有不足，留下些遗憾，反倒是好事。

事实证明，那些能够接受不完美的人，通常都很快乐，他们懂得欣赏生活中的美好，用心观察和体会世界，使自己的内心得到平静和充实。这样的人才是真正懂得生活的人，他们更专注于事业，也更容易获得成功。相反，那些刻意追求完美的人，往往心浮气躁、患得患失，他们不能专心做事，浅尝辄止，最终反倒一事无成。

总之，只有用乐观的心态来接受不完美，生活才会变得更加丰富有趣。

别总拿自己和他人比较

每个人都有自己的生活方式，别人的未必适合自己。拿别人有而自己没有的东西进行比较是毫无意义的，就像一个长跑冠军和一个网球冠军，你在你的领域很出色，我在我的领域也卓有成就，两者间没有可比性。非要拿自己的短处跟别人的优势相比，势必会产生痛苦。

和尚和农夫分别住在一条河的两岸。

和尚每天看到农夫过着早出晚归、挥汗如雨的生活，觉得他过得很充实，非常羡慕。而农夫在对面看到和尚整天无忧无虑地念经、敲钟，觉得他过得很轻松，十分向往。所以，在他们的心头都产生了这样的想法："到对岸去，换一种新生活。"

有一天，他们碰面了。两人商量了一番，决定交换身份，农夫过和尚的生活，和尚过农夫的生活。

然而，农夫做了和尚后，发现和尚的日子并没有想象中那么美好，整天念经、敲钟，非常无聊，虽然悠闲，但很空虚。这时，他看到河对岸快乐工作的其他农夫，觉得还是以前的生活好。而和尚还俗后，痛苦比农夫还多。面对每天繁重的田间劳作，他非常怀念当和尚的日子。于是，他每天坐在岸边，看着河对面的和尚，觉得还是自己以前的生活好。

因此，他们很快又换回原来的角色，因为那才是真正适合他们的生活。

生活中，人们总是犯和尚和农夫那样的毛病，羡慕别人比自己过得好。例如，同样是年轻人，从一所学校毕业，凭什么你就成了大老板，而我还是公司小职员？凭什么你有万贯家财，而我却囊中羞涩，你有美女为妻，我只有一个又胖又丑的媳妇。照这样比下去，自己就不要活了。什么都不如别人，活着还有什么意思？

其实，这都是欲望在作怪，对金钱、权力和美色的欲望。你光看到别人家财万贯，却不知他家一天一大吵，一天一小闹，总是不得安宁，而你的家庭幸福美满；你光看到别人位高权重，却不知他整天为单位的事绞尽脑汁，不得清闲，而你虽然位卑权轻，但压力小，烦恼少；你光看到别人的老婆漂亮，却不知她花心不牢靠，而你老婆虽然很丑，但很温柔。

人的欲望是无止境的，当你租房子的时候，会想着有了房子我就不会烦恼，等你有了房子，又想着有了车子我就不会烦恼，等你有了车子，又想着当了领导我就不会烦恼。如此下去，烦恼会永远伴随着你。可见，对于金钱、权力和美色的欲望根本不能带来快乐。

跟人比较，虽然能激发自己的上进心，确定人生的奋斗目标，但一味跟人比下去，快乐就会昙花一现，它只在你实现目标的一刹那开放。之后，你又会被新的痛苦包围。

俗语说：家家有本难念的经。每个人的生活都有痛苦和烦恼，再幸福的家庭也有不愉快的一面。总是盯着别人貌似美好的一面去比较，只会降低你原有的价值。因为你原本可能是一块做飞机的材料，可你却盯着金刚石，希望成为一颗钻石，结果可想而知。

如果非要比，不比生活就不充实的话，那就跟自己比吧，比今天是不是比昨天更好，比现在是不是比过去更开心。这样的比较才是积极健康的，也才是真正有意义的。

时刻保持正念

生活中，我们很容易迷失在妄念中，为将来忧虑，被贪、嗔、痴迷惑，认识不到当下的美妙。如果你只是站在那儿，让念头在烦恼和痛苦中穿梭，就不能欣赏到日落之美。要欣赏美妙的日落，就必须斩断过去和未来的念头，让自己活在当下，时刻保持正念。

有一天，佛陀手执一朵花站在众弟子面前。弟子们很想知道佛陀的用意，但他们的念头流失在各种揣摩和思考中，没能理解佛陀真正的用意。只有迦叶尊者没有拼命去想，所以他明白了佛陀手执一朵花的深意，从而欣赏到这朵花的绝色姿态。

佛陀的本意，就是手中的那朵花，没有其他意思。迦叶尊者因为保持正念，欣赏到了花的美丽，其他弟子却因为执着于妄念，把脑子用到其他地方，最终错失了美好的东西。所以，当有人拿一样东西让你看，你尽管看就是，只要你不让自己的念头游走在过去或未来的念想中，你就能看到他想让你看的。否则，你就无法欣赏到任何东西的美妙。

举个例子，当你端着一碗滚烫的肉汤走路时，要时刻保持正念，专注于眼下的行为，保持平静而警觉的心境，这样才不致让肉汤溅出来烫着你。再比如，当你过一座独木桥时，要时刻保持正念，不急不躁，专心走路，而不要让自己胡思乱想，也不要因为愤怒或生气影响到自己的情绪，这样才能顺利通过独木桥而不致掉进河里。

所谓正念，就是专注于当下，让自己冷静地对待每一件事，而不是被妄念控制，为过去悔恨，为将来担忧。很多人就是因为不能保持正念，被烦恼和痛苦缠身，为已经发生的事情耿耿于怀，为没有发生的事情担惊受怕，从而错过眼前的事情，白白让时间流逝。

当我们心无旁骛，不受杂念侵扰时，就能一心一意做好眼前的事情，悲伤也好，喜悦也好，都不会影响我们的情绪。只要保持这样一种心态，我们就能冷静下来，踏踏实实做好每一件事，而不会被负面情绪困扰。遗憾的是，在这个喧嚣浮躁的社会，很多人都缺乏这样一种冷静的做事态度，浮躁的情绪控制着我们，使我们患得患失，从不肯低下自己的脑袋，集中精力对待生活中的每一件事，从而看不到平静生活开出的美丽花朵。

正念之中还包括善念，不以小人之心度君子之腹，不妄加揣测别人。以正念来对待别人会让自己心胸坦荡，理解、宽容别人，从而使自己的人际关系变得更加融洽。

在印度西部，有一个偏远的民族——卢舍那族。那里的人生性好斗，许多人都不敢去那里弘法。所以，在很长一段时间内，那里都没有寺庙，也没有出家人。有一天，一位尊者主动向佛陀请缨，要去那里了解情况，弘扬佛法。

佛说：那里的人凶残好斗，你去了以后，他们辱骂你、诋毁你，你怎么办？

尊者说：那里的人看来很有智慧，他们完全可以用手打我，拿石头砸我，但他们只是辱骂我、诋毁我而已。

佛说：如果他们用手打你，拿石头砸你，又怎么办？

尊者说：他们还是有智慧的。他们完全可以用刀枪伤害我，却只用手和石头来对付我。

佛又说：他们要是用刀枪伤害你，又怎么办？

尊者说：他们还是很有智慧的，他们完全可以把我杀死，却只是用刀枪来伤害我。

佛说：如果他们把你杀死呢？

尊者说：佛教导我们，在三界六道轮回中，头出头没，受贪嗔痴的驱使，造过很多的恶业，所以我们应该厌离色身。佛教导我们种种的厌离法，而现在他们把我杀死，正好能成就我厌患色身的修法，所以我还是觉得他们很有智慧。

佛说：你可以去那里弘法了。因为你懂得如何保持正念，忍辱去面对一切。

有什么样的心念，就会有什么样的结果，你对别人心存善念，一般情况下也会得到别人的善意对待。一个人只有时刻保持正念，才能让自己摆脱各种坏情绪或者心魔的纠缠，从而踏实走过人生的每一个台阶，一路收获美丽的风景。

别为小事抓狂

人的一生中会遇到很多事情，有大事也有小事，大事可能会给我们留下深刻印象，小事就像每天从头上掉下来的碎屑，无足轻重，转眼间就被我们遗忘。但是，有些小事却会在一瞬间激起我们的愤怒，引起我们的不满，最终陷入一种歇斯底里的状态中。

例如，我们热情地向一位熟人打招呼，结果对方却板着一副面孔，爱答不理，无论谁遇到这种情况，都难免生气。再比如，看电影看得正高兴的时候，前面一个女孩却在不停地叨叨剧情，让人感觉索然无趣。在餐馆吃饭时，吃到一半，却发现菜里有一只死苍蝇，顿时感到反胃，什么破餐馆，还高级餐厅呢，这环境简直恶心死人。

我们经常为这些小事抓狂，即使离开了现场，换到另外一个地方，还是会念念不忘，一整天都惦记着这件事，一想起来就发一通牢骚，影响自己的心情不说，还让我们干什么都觉得不顺心，把所有的怨气都撒在这些令我们抓狂的小事上。

这样的事，即使不是每天，通常也会隔三差五来骚扰我们。如果我们把每件事都放在心上，难以忘怀，它们就会像滚雪球一样，越滚越大，占据我们整个的心灵，堵得我们胸闷气短，无论干什么都提不起精神来。

很多人就是因为这样，患上不同程度的心理疾病，影响了日常的工作和生活，让自己的情绪笼罩在一片阴暗之中，其代价可谓惨重。其实，我们每天都有很多事情要做，把时间和精力消耗在这些小事上，是一件得不偿失的事情。所以，别再为小事而抓狂。

那么，生活中遇到这样的小事，我们该如何处理呢？

①要理解别人。很多人做错事并不是故意的，他们会感到愧疚。就算有人是故意的，也要理解他们的动机，或许他们有不得已的苦衷，只要不是太过分，就要试着宽容别人。

②很快忘记。小事没必要放在心上，因为你遇到的人或许永远不会再

见面，你遇到的事却有可能再次发生，为了一个以后再也不会见面的人，或者为了一件可能再次发生的事而抓狂，你觉得值吗？实在气不过，可以适当宣泄一下，或者转移注意力，忘掉不愉快。

③想一想今天的主要任务或工作。我们每天都有很多要紧的事要处理，这些事比起那些让你心烦的小事哪个更重要？与其把精力浪费在小事上，不如想想如何把今天的事做好。大事往上压一压，小事自然就会乖乖从你心中消失。

④塞翁失马，焉知非福。当你因为一些小事而烦恼时，不妨想想塞翁失马的故事。这一刻遇到倒霉的事情，下一刻说不定就会有好事发生。学一学塞翁失马的精神，让自己的心情乐观起来，才是最重要的。

⑤看淡得失。很多时候，小事之所以会让我们发狂，是因为我们把得失看得太重。人生有得就有失，有失也会有得，这一刻的失说明不了什么，多关注大事才会有大得。

学会转移注意力

生活中，我们遇到不如意的事情，引起我们的不良情绪，让我们感到愤怒、悲伤、忧虑的时候，如果能够适时地转移注意力，心情就会变得平静或开朗。

这是因为，当你把注意力从一件事情转移到另一件事情上的时候，你的心思会落在后者上，对前者的记忆或形象就会变得模糊。举个例子，一个小女孩推开一扇窗，看到公路上躺着一只被汽车碾死的小狗，伤心极了。可是，当父亲推开另一扇窗，她看到小朋友们在花园里玩耍时又笑了。这里，小女孩的父亲就运用注意力转移法，让小女孩的心情好了起来。

相反，如果不能及时转移注意力，让情绪控制自己，悲剧就在所难免了。前面我们介绍过的台球新星，如果当时把注意力从球杆上那只讨厌的苍蝇转移到其他地方，他的情绪就不会失控，最终也不会失去本已到手的冠军，更不会发生自杀身亡的惨剧。

一个人遇到挫折，如果只知道沉湎于不良情绪中，不仅于事无补，还会身心俱惫。因此，当你被不良情绪控制时，要学会有意识地转移注意力，多想一想让自己开心的事情，这有助于你从负面情绪中走出来。《世说新语》里面有这样一个故事：

有一个叫王述的人，脾气很暴躁，动不动就发火。有一次，他吃鸡蛋，用筷子一连夹了好几次都没夹住，气得他把鸡蛋扔在地上，用脚踩得稀巴烂。

不过，他脾气虽然不好，但与人相处时，却懂得克制自己的情绪。有一天，一个叫谢奕的人来到他家，这个人也是个脾气火暴的人，他怒气冲冲闯进王家，当着众人的面说了很多难听的话，就连王述手下人听了都难免生气。可王述却始终耐着性子，一声不响。等谢奕走后不久，他才转过身来问手下人："他走了没有？"手下人回答："走了有一会儿了。"王述这才长出一口气，继续办自己的事情。

王述的制怒之道值得我们学习，这种方法就是躲避和转移注意力。

动听的音乐也具有转移注意力的作用。很早之前，在美国底特律，到加油站加油通常需要排队，车主因为长时间等待而心浮气躁，经常发生争吵。后来，加油站在人们排队时播放一些古典音乐和轻音乐，结果发现车主争吵的现象少了很多。我们都知道，音乐具有神奇的效果，一个人一旦被音乐吸引，就会暂时忘记眼前的事情。有些音乐还有镇静作用，所以医学上常常用音乐来治疗某些精神类的疾病，而且起到了非常显著的疗效。

因此，当我们因为愤怒、焦虑无法使自己安静下来时，不妨听一些节奏舒缓、曲调优美的音乐，让自己躁动的心平静下来。当我们因为忧伤、绝望时，不妨听一些节奏明快、激情四射的音乐，振奋自己的精神，给自己加油鼓劲儿，重新燃起心中的希望。

一个心智健全的人，通常不会无缘无故产生不良情绪，所有不良情绪的背后一定都有原因，这个原因在你看来非常重要，在其他人看来或许不值一提。过一段时间后，你也会觉得那些当初让你焦虑的事情无足轻重。所以，为了避免在不良情绪下做出令自己后悔的事情来，不妨暂时转移注意力，摆脱坏情绪的干扰。

除了听音乐，享受美食、逛街、玩游戏、读书、绘画等都可以转移注意力。总之，只要自己喜欢，同时又不伤害别人的活动，都可以尝试。

从专心吃饭开始

说到专心吃饭，很多人以为这是教训不懂事的小孩说的话，因为小孩玩性大，吃饭时不肯乖乖坐在饭桌旁，大人需要不停地阻止他的顽劣，将其拉到饭桌上，有时甚至端着饭碗追着孩子到处跑，只为了喂他一口粥。

小孩不专心吃饭，对自己的身体发育不好，对大人来说也是一件费心的事，非常苦恼。可是，对照一下自己，作为成年人的我们，就专心吃饭了吗？吃饭看似一件普通得不能再普通的小事，从呱呱坠地开始，我们就有吃的本能。但是，吃了这么多年，究竟有几次我们能够老老实实地专心吃饭？小时候自然不用说，自己还管不住自己。可长大成人了，当了爸爸妈妈，当了爷爷奶奶，你就管得住自己，专心吃饭了吗？有多少人在饭桌上边吃东西边东拉西扯？有多少人吃饭时眼睛盯着电视屏幕，饭在嘴巴里停止搅动？有多少人看似在专心吃饭，脑子里却想着十万八千里之外的事情？

有人专门对不专心吃饭做了研究，结果发现，不专心吃饭的人更容易产生饥饿感，对零食产生依赖，进而引起肥胖，而且与专心吃饭的人相比，不专心吃饭的人更容易得胃病。

当然，有时候，我们身处的环境让我们无法专心吃饭，但这不能成为我们不专心吃饭的借口。在国外，人们用餐时是要保持绝对安静的，不许说笑，甚至连喝汤也有严格要求，不许发出声音来，其目的就是为人们营造一种专心吃饭的环境。至于每个人能否专心，就看他们管不管得住自己的脑袋了。然而在国内，不管在家里还是餐厅，只要有人吃饭，就免不了大声说笑，人人都如此，你要想保持标新立异似乎很难。如果大家都在说笑，而你一个人埋头吃饭，人们会认为你不合群，进而影响你的人际交往。因此，专心吃饭基本上很难。

正因为难，才算得上一个挑战。当你什么也不想，全身心投入吃饭这一件事情中，注意力全部集中在眼前的美食上，你会感觉到吃真是一件很享受的事情。忙碌了一整天，充分利用好吃饭这段时间，让自己彻底放松下来。如果连吃饭都不专心，边吃边想工作中遇到的烦心事，那这饭你还能吃得下去吗？本来是一个放松的机会，却让自己变得更加疲惫。

如果说聚餐时，因为人们相互交谈，你无法专心吃饭的话，那么，独自一人吃饭时，一定要珍惜这个机会，让自己烦躁的心平静下来，只想着吃饭这一件事情。既不要想吃完饭我还有很多工作要做，也不要想领导下午让我去他办公室一趟，到底有什么事情。专心吃饭才是眼下最要紧的事，不要让一堆烦心的事影响你的情绪和食欲。记住，只有吃饱饭养足了精神，干起活来才有充沛的精力。否则，不但饭吃不好，做起事情来效率也不高。

让自己忙碌起来

生活中，你是不是经常因为胡思乱想使自己陷入无穷无尽的烦恼中？你有没有因为一件痛苦的事情而茶饭不思，坐着发呆？你有没有伫立在窗前，盯着一树梨花，眼神飘浮到一个异度空间去挖掘悲伤的坟墓？你想摆脱这样的伤痛和忧愁吗？很简单，让自己忙碌起来！

在国外，有一种观点——忙而忘忧。烦恼和忧愁只会侵袭那些无所事事的人。著名作家萧伯纳说：“让人愁眉苦脸的秘诀就是，有充分空闲去想他自己的伤心往事。”一个人越是清闲，越是无聊，大脑就越是不停地要给你找事。如果你正处于痛苦和悲伤中，大脑会把这些信息和资料提取出来，供你消磨时间。而一旦忙碌起来，大脑就会集中处理手头的事情，没有时间和空闲让你回忆。所以，要想摆脱焦虑，让自己忙起来是一个不错的主意。

美国著名诗人亨利·朗费罗就是一个懂得忙以忘忧的人。他的妻子有一次点蜡烛时，不小心将烛火弄到身上，结果引燃了衣服，最终因为烧伤而死去。在很长一段时间里，朗费罗都无法忘掉这次可怕的经历，几近崩溃。幸好他有 3 个年幼的孩子需要看护，他不得不忍住悲伤，担负起家庭的重担。此后，他陪孩子们玩耍，给他们讲故事，并将对孩子的感情都倾注在诗歌中，同时还完成了《神曲》的翻译工作。这些事令他忙得片刻不得闲，以致他根本没时间和闲情陷入绝望中。于是，他逐渐从悲伤中解脱出来，重新获得了内心的平静。

劳动创造世界。要想保持活力，就要动起来，要想充实自己，就要忙碌起来。充实的人生才是无怨无悔的，充实的人生才是快乐的。忙碌是制造充实的工具。

我们都有这样的感觉：忙了一整天，虽然感觉很累，但晚上躺在床上的时候，会觉得这一天过得很快，也很充实，内心填得满满当当，这时我们会微微一笑，觉得今天没白过。相反，如果这一天不是睡大觉，就是吃吃喝喝，或者靠在椅背上发呆，那么晚上临睡前，我们的心里会觉得空落落的，好像这一天什么都没做，过得毫无意义。

忙碌充实人生，清闲腐蚀我们的灵魂。忙碌之后的休息，会让人感到一种甜蜜，清闲之后的反思，会让人感到一种无所作为的痛苦。所以，要想快乐，就让自己忙碌起来吧。

但忙碌不是瞎忙，像无头苍蝇一样，今天忙这个，明天忙那个，没个任何目标，只是机械地重复。相反，要为自己树立一个目标，为实现这个目标而忙碌，在忙碌的过程中，搞清楚自己到底想要什么。这样，当你一步步接近目标时，才会感到快乐。人生就是由许许多多小目标组成的，每实现一个目标，都能收获一份喜悦，感受到生活的意义。这样，当你白发苍苍的时候，回忆起往事才不会因为虚度年华而悔恨，这样的人生也才最有意义。

不要害怕改变

在这个世界上，无论你愿意与否，只要你活着，就意味着改变。或者是主动变化，或者是被动改变，区别只在于，你是选择主动让自己变得更好，或者被动让自己变得更不好。

有很多人害怕改变，因为改变意味着风险，意味着未知，他们宁愿沉浸在过去的某个时刻，也不愿意面对现在，拒绝改变，他们以为这样可以让华彩永驻。只可惜，改变是不随个人的意志而发生的，有时候生活会把你推到十字路口，逼迫你作出选择。

你想与不想，改变就在那里。世界在变，别人也在变，如果你不跟着改变，就会失去原本可以更加鲜活的生命。要想掌控自己的命运，就必须不断调整自己来适应这种改变。

新东方创始人俞敏洪年轻时曾在北大任教，但他发现那个地方牛人太多，气场太强，搞得自己一点自信都没有。你说你口才好，比你会说话的人多得是；你说你英语好，一大堆从海外归来的学者，哪个不比你强。这样的气场让他窒息。最终，他决定离开这个地方。

后来，他从北大出来后，换了个环境，心情变了，成长也更快了，还创立了新东方。

20 年后，俞敏洪以自己的这段人生经历，告诫年轻人不要害怕改变。他说，如果你进入一个单位，发现每个人都比你牛，上升通道前面排了无数人，那么你唯一的选择就是向他们学习，然后离开这个地方去开辟自己的天地。

很多人在接受一份工作后，觉得还不错，然后就开始贷款买房、买车，从此把自己拴在这份工作上，最终因为房子、汽车，舍弃了自己这辈子求变的机会。所以，俞敏洪一直鼓励年轻人创业或者更换不同的环境。虽然你放弃了稳定的工作，但却收获了丰富的人生阅历。

每个人心中都有一个舒适区，在这个区域，你会感觉很轻松，没有任何压力，而一旦面对新的工作和挑战，内心就会从原本舒适的区域进入到紧张、忧虑甚至恐惧的压力区。也正是因为如此，大多数人宁愿待在舒适区，也不愿作出改变。当韩颖离开中海油，加盟惠普公司时，她要克服的不仅仅是自己的心理舒适区，还要说服别人改变以往熟悉的模式。

20岁那年，韩颖从厦门大学毕业，被分配到中海油总公司。在别人眼里，这就是一个金饭碗。可她只干了几年，就毅然丢掉这个金饭碗，加入到惠普公司。

在那里，她负责每个月给员工发薪水。那是20世纪80年代末，员工没有工资卡，每次发工资都需要两个人手工完成，同事负责点钱，韩颖负责核实。公司有300多人，当时也没有百元大钞，每次发工资，厚厚的一沓钞票，她需要一张张核实，数得她头晕眼花。

有一天，韩颖下班后疲惫不堪，路过公司附近一家银行时，突然灵光一闪：既然大家领到工资都存到银行里，为何不让银行代发工资呢？她立刻找到银行负责人，希望对方为公司300多名员工开户，然后自己每个月将工资直接存到银行，员工凭存折领取工资。

韩颖好不容易才说服对方，她兴冲冲地在财务部贴了一张告示，告诉大家今后领工资不用排队，直接拿存折到楼下的银行领取就行。她本以为大家看到这则消息会拍手叫好，谁知道每个拿到存折的员工都不太满意。很快，直属领导就找到她，批评她为了自己偷懒，让员工自己去取钱，而且未经领导同意就贴大字报宣传。

面对领导的批评，韩颖委屈极了。就在这时，上层领导也知道了这件事。当韩颖忐忑不安地来到领导办公室，准备再次挨批时，却看到对方赞许的笑脸。上层领导肯定了韩颖的做法，认为她改写了公司5年来手动发工资的历史，这种勇气和创新精神值得嘉奖。

这件事也成为韩颖职场生涯的转折点。在公司的表彰大会上，她感慨道："永远不要害怕改变，改变里就有契机，它会让你成熟，更了解自己的能力极限。"

是的，永远不要害怕改变，这就是韩颖给我们的启示。尽管你可能会因此失去一些好的东西，但你也可能会得到一些更好的东西。

不要为打翻的牛奶哭泣

奶瓶打翻了，牛奶就会溢出去，再也无法重新装回杯中，这是无法改变的事实，无论你再怎么哭泣，也无济于事，只能接受现实。成功学大师卡耐基早年事业刚刚起步时，在密苏里州办了一个成人教育班，经营一段时间后，他发现自己投入很多，回报却少得可怜，白白浪费了许多金钱。他为自己的疏忽感到苦恼，为事业遭受的挫折感到沮丧。这个时候，他遇到了中学时的一位老师，这位老师听了他的遭遇后，只对他说了一句话："不要为打翻的牛奶哭泣。"卡耐基听了，很快从苦恼中挣脱出来，振作精神，继续自己未竟的事业。

牛奶打翻了已经成为过去时，过去不等于未来。过去失败了，不代表未来会失败。未来的成功取决于当下的行动。无论过去怎么不幸，怎么烦恼，都已经变得不重要，重要的是对未来充满希望，调整心态，明确目标，采取积极、乐观的行动。

不管你是有意的还是无意的，不管你是惋惜还是懊悔，该发生的已经发生，不该发生的也已经发生，沉浸在悲伤、痛苦的负面情绪中，只会让眼泪蒙蔽了自己的双眼，忘记前进的步伐。因为一件小事，就耽误了自己的美好前程，这是多么得不偿失的一件事。

挫折只不过是人生路上的一个小插曲，这种小插曲会伴随你一生。迈不过去这道坎，就看不到前面的风景。挫折和失败不意味着输赢，相反，它是启迪成功的锦囊妙计，让你领会成功的意义，从而在真正取得成功后品尝到更浓烈的喜悦滋味。

俄罗斯总统普京出生在一个普通的工人家庭，小时候他又瘦又矮，但性格很要强。为了强壮瘦弱的身体，上小学时，他参加了当地一个体育俱乐部，练习柔道。因为他悟性好，再加上肯吃苦，他的柔道有了很大进步。

结业那天，他参加了俱乐部组织的摔跤表演，所有家长都被邀请观看孩子的表演。普京的母亲也去了。结果，普京表现得很出色，进入到最后的冠军争夺战。决赛时，他的对手是一个高出他一头的大胖子，在体格上拥有压倒性的优势，这给普京造成了很大压力。因为一开始有些慌乱，普京很快就失去主动权，最终惨败给对手，丢掉了冠军的头衔。

这是他人生中的第一次比赛，他本来是冲着冠军去的，结果却输了，这令他非常沮丧。

回家后，他向母亲抱怨说："这样的对手我在平时的训练中经常遇到，而且总是胜多负少，可是今天……"说着说着他就痛哭起来。

母亲笑着安慰他："不就输了一场比赛吗？今后这样的比赛还有很多，有的是机会。不管这件事情有多么糟糕，它都已经过去，没必要再为它烦恼，让它影响到你以后的生活。关键是要吸取教训，等待下一次全力以赴的机会。"

母亲的话深深印在普京的脑海里。后来，普京在人生道路上又遇到许多跟那场比赛相似的竞争，但再也没有让失败和不如意占据自己的头脑，以致影响到自己的情绪。也许正是这样一种豁达的心态，使得他能够不断摆脱困境，勇往直前，逐渐走向自己的事业巅峰。

在人生的道路上，牵绊很多，烦恼也很多，打翻牛奶只不过是其中一种，如果不能从中脱身，很可能会就此止步。法国作家大仲马说："人生是一串由无数小烦恼组成的念珠，豁达的人是笑着数完这串念珠的。"这句话告诉我们，对于人生的烦恼，要以积极的心态来面对，从中吸取经验和教训，让自己每经历一次磨难都能得到一次质的飞跃和提升。

如何克服社交恐惧症

杜青大学毕业，看着别人一个个都找到了工作，她急得跟热锅上的蚂蚁似的。

她也曾试着找了几次，每次遇到笔试，她都能顺利通过，可一碰到面试就铩羽而归。究其原因，主要是她不注意仪表，每次一坐到考官面前，她就忍不住脸红，浑身冒汗，腿不由自主地发抖。考官一发问，她就心跳加速，思维混乱，说话结结巴巴，前言不搭后语。考官见她这种表现，有的干脆直接叫下一位，有的则好心劝慰她，让她不要紧张，可是她依然无法摆脱手足无措的局面。结果可想而知，用人单位几乎无一例外地回绝了她。

类似杜青这样的情况，在实现生活中并不鲜见，俗称社交恐惧症。患有这种心理疾病的人往往性格内向，不喜欢出现在人多的地方，一旦需要在人前表现，内心就会焦躁不安。随之而来的便是脸红、手心出汗、心跳加快等现象。这种情况非常不利于正常的人际交往，还会让当事人产生社交畏惧心理。长此以往，人会变得失去自信心，把自己封闭在内心的小天地里，不轻易接纳别人。情况严重的，甚至需要接受一系列的心理和药物治疗。

不过，社交恐惧症也并非什么绝症，尤其是在程度不是很重的情况下，通过自我暗示和一些激励性的言行，就能帮助患者逐渐摆脱社交恐惧，像别人一样从容地面对别人，谈笑风生，挥洒自如。那么，具体要怎么做呢？

相信自己。害怕在别人面前展示自己，通常是因为不够自信，担心自己会出错，或者表现得不够出色。这时，可以不断地暗示自己：我是最棒的！积极的暗示能够有效地提升你的自信心。即使自己有什么不足，也不要太自卑，每个人都有缺点和不足，只要尽力就好。

善待自己。太在乎结果，难免对自己有过高的期望，一旦遭遇挫折，就会陷入自责、悔恨当中。有过这样一次体验，下次可能就不敢再尝试了。这也是很多人患上社交恐惧症的原因之一。正确的做法是，忘掉以前的不愉快，只有当下才是最重要的，所以不要挑剔、苛责自己，事情能办成什么样就办成什么样，敢走出下一步，就是成功。只有善待自己的人，才懂得从失败的过程中不断总结经验，从容面对下一次挑战。

对别人保持微笑。微笑是一个人最好的明信片，它能够化解你的紧张情绪，同时感染别人。一个经常对别人微笑的人，他的内心世界也是明亮的。面对陌生人，一个微笑能够化解对方的戒备心理，从而使双方能够更坦然地进行交流。

把对方当成自己的亲朋好友。面对自己的亲朋好友，你会感到恐惧吗？相信大多数人都不会。既然这样，与人交谈时不妨把对方当成你最亲近的人。这就好比演讲时有人会把观众当成大白菜或者小绵羊一样，只要有助于缓解自己的紧张情绪，爱想象成什么就想象成什么。慢慢进入这种状态后，你会发现那颗悬着的心会逐渐放下来，变得平稳而有序。

主动接触，总结经验和教训。没有人天生就擅长社交，大部分小孩子见到陌生人都会躲到父母身后，只不过随着时间的推移，通过不断与人接触，慢慢获得与人交往的经验，胆子才逐渐越变越大。区别只在于，有的人先接触社交，所以很早就摆脱了社交恐惧。而有的人因为一直不敢或者逃避社交，所以到了大学毕业，不得不面对社交时，才发现自己需要改变。所以要克服社交恐惧症，就必须从现在开始，主动与人交往，逐渐适应这一过程。只要你善于思考和总结，就能不断增强自己的社交能力，从此摆脱社交恐惧症。

经常练习当众讲话。这一点很重要，一个人理论学得再多，如果不去实践，就永远无法摆脱心理上的恐惧。所以，有机会就要大胆尝试当众讲话，这比简单地面对一两个陌生人更具有挑战性，如果当众讲话时，能做到心不跳、脸不红，泰然处之，那其他场合也基本不成问题。刚开始时，你也许会感觉很难，这时不妨在做好充分准备的情况下，上台时手里握住一些东西，如一本书、一支笔或一个能给你带来安全感的吉祥物。据说，帕瓦罗蒂第一次登台表演时，为了缓解内心的紧张，手里就握着一块手帕，后来养成习惯，每次必带。

CHAPTER EIGHT

轻松减压

第八章

- 你的工作压力大吗
- 不要让工作成为负担
- 合理安排工作和生活
- 战胜拖延症
- 学会运用弹性思维
- 别把简单的事情复杂化
- 不要设定过高的目标
- 对自己不要太苛刻
- 一次只做一件事情
- 获得他人的支持
- 学会拒绝别人
- 放下沉重的包袱
- 放慢你的脚步
- 工作压力大，想辞职怎么办

你的工作压力大吗

你的工作压力大吗？是不是每天都为工作忙个不停？工作给你带来了哪些变化？有没有觉得工作很枯燥？你是不是把一切希望都寄托在工作上？有没有觉得工作除了给身心带来疲惫之外，没有任何好处？如果是这样，那么工作可能已经给你造成很大压力。下面30道选择题有助于你了解自己的工作压力程度，有兴趣的话，赶紧测试一下吧。

1. 你能够合理安排工作和生活？

A. 是（1分）B. 否（0分）

2. 你晚上经常辗转反侧，难以入睡？

A. 是（1分）B. 否（0分）

3. 你很容易被小事激怒？

A. 是（1分）B. 否（0分）

4. 有很多日常性的工作让你疲于应付？

A. 是（1分）B. 否（0分）

5. 你觉得家人对你友善吗？

A. 是（1分）B. 否（0分）

6. 最近几天有让你高兴的事情吗？

A. 是（1分）B. 否（0分）

7. 你经常消化不良或者便秘？

A. 是（1分）B. 否（0分）

8. 早上起床后，你觉得很累，甚至不想上班？

A. 是（1分）B. 否（0分）

9. 明明看到自己喜欢的食物，却怎么也提不起食欲？

A. 是（1分）B. 否（0分）

10. 你的兴趣很广泛？

A. 是（1分）B. 否（0分）

11. 你经常需要喝酒或服用安眠药才能入睡？

A. 是（1 分）B. 否（0 分）

12. 你会把没完成的工作带回家吗？

A. 是（1 分）B. 否（0 分）

13. 你经常头疼、感冒或者发烧？

A. 是（1 分）B. 否（0 分）

14. 你很难集中精力完成一件事情？

A. 是（1 分）B. 否（0 分）

15. 你觉得工作中积累的问题太多，压得自己喘不过气来？

A. 是（1 分）B. 否（0 分）

16. 跟别人提前说好的事情，突然发生变化，你会感到很沮丧？

A. 是（1 分）B. 否（0 分）

17. 你觉得家里是最好的放松地点？

A. 是（1 分）B. 否（0 分）

18. 当你情绪低落时，你会找家人以外的朋友倾诉？

A. 是（1 分）B. 否（0 分）

19. 你喜欢埋头工作以回避复杂的人际关系？

A. 是（1 分）B. 否（0 分）

20. 对很多事情没有把握时，你会感到很懊恼？

A. 是（1 分）B. 否（0 分）

21. 当你从事一项运动或游戏时，你会想方设法取胜？

A. 是（1 分）B. 否（0 分）

22. 同样的工作，你会比别人花更多的时间？

A. 是（1 分）B. 否（0 分）

23. 周末休息时你会因为无所事事而感到懊恼？

A. 是（1 分）B. 否（0 分）

24. 你觉得自己的体重正常吗？

A. 是（1 分）B. 否（0 分）

25. 紧张时你会不会冒冷汗？

A. 是（1 分）B. 否（0 分）

26. 长时间的等待会让你感到很生气？

A. 是（1 分）B. 否（0 分）

27. 当工作日程排得太满时，你的身体会感到不适？

A. 是（1 分）B. 否（0 分）

28. 你有没有深夜突然醒来却再也无法入睡的经历？

A. 是（1 分）B. 否（0 分）

29. 你害怕跟人争吵，而且在争吵中总是处于弱势一方？

A. 是（1 分）B. 否（0 分）

30. 你觉得自己能控制生活中的烦恼吗？

A. 是（1 分）B. 否（0 分）

测试结果分析

1～10 分：你有良好的压力调节能力，能够理性地面对不同的压力，化压力为动力，这让你拥有很强的抗压能力，大多数情况下，你愿意接受压力的挑战。

11～20 分：虽然生活中会感到有些压力，但你还是能够调整心态，积极应对。只不过你不会主动选择压力，因为你知道自己调节和适应压力的能力有限。

21～30 分：你对压力过于敏感，不喜欢生活中有太大的压力，所以一旦压力超过你的承受范围，你就会选择逃避，或者因为压力太大，表现出一副沮丧的样子。

不要让工作成为负担

工作对于大部分人来说是用来养家糊口的，但如果经常用这种想法来提醒自己努力工作，那么不但不能快乐工作，反而会把工作当成一种负担，整天满腹牢骚、抱怨不断。

其实，工作是可以很开心的，只要你全身心投入，发挥自身的特长，你的内心就会感到平静，工作充实了我们空虚的灵魂，而且在工作中取得的成就、领导的赏识，乃至同事的认可，都会让你感觉到工作的乐趣。

遗憾的是，并不是所有人都这么想。很多人把金钱和物质享受当作自己的奋斗目标，他们之所以工作，不是为了享受其中的乐趣，而是为了有朝一日能住上大房子、为了拥有一辆私家车、为了让孩子不输在起跑线上……这些目标本来无可厚非，毕竟人往高处走，水往低处流，每个人都有权利追求更舒适的生活。但是，如果把这些目标看得太重，你就会感觉到很疲惫，而工作也将成为你沉重的负担，做起事情来毫无乐趣可言。

为了实现这些目标，很多人不得不超负荷工作。但人的精力是有限的，超负荷工作短时间内还可以，时间长了，就算是超人也会崩溃。况且，任何目标都不可能一蹴而就，而需要长时间的积累、积淀。为了某些不现实的目标而搭上幸福和健康，你觉得值当吗？

人应该学会满足，工作为我们提供了保障，我们应该怀着感恩的心对待它，而不要一味地索取。既然工作充实了我们的内心，我们为何不享受这份充实和乐趣？如果你只想着工作能给自己带来什么回报，那么你很容易陷入急功近利中，草草地对待这份工作。

因此，不要让工作成为负担，要善待工作，善待自己。为了工作而拼命，虽然会给你带来额外的收益，但超负荷的工作会让你疲惫的身体得不到休息和放松，最终因为过度透支而垮掉。所以，除非有紧急任务，除非迫不得已，不要逼迫自己加班加点。

至于工作和家庭孰轻孰重，不同的人有不同的看法。事业心强的人会把工作放在第一位，但他们常常失去家庭的温暖。家境拮据的人也会把工作放在第一位，在他们看来，只有工作才能维系家庭，把一家人牢牢拴在一起。但拼命工作的结果是忽视孩子的感受，导致孩子性格孤僻。在一个由星二代参加的选秀节目里，主持人问其中一个女孩："生活在明星父母的光环下，你感受最大的是什么?"女孩脱口而出："自卑。"接着她痛苦地表示，因为父母是明星，没时间陪她，她从小就被寄养在外婆家，每次看到别的小朋友跟爸爸妈妈在一起，她就有一种强烈的自卑感。因为忙于工作而忽视亲情最终导致家庭悲剧的例子俯拾皆是。与冰冷的工作相比，冰冷的亲情更让人寒心。所以，为了家庭，不要那么疯狂地工作。

不把工作当成负担，工作起来就没那么多心理包袱，放开手脚去干，只要方法得当，工作效率自然会成倍提高。当你不再将工作当成是维持生计、实现梦想的工具时，工作就会悄悄给你带来惊喜，因为工作业绩出色，你的薪水不断上涨，职位不断晋升！

合理安排工作和生活

现代人之所以精神高度紧张，除了工作压力大，也跟自己的心态和工作方式有关。很多人以为只要拼命工作，就能得到领导的赏识，进而获得加薪和晋升机会。再加上职场竞争异常激烈，人人都不甘落后，唯恐稍有懈怠，就会丢掉饭碗。结果，他们只顾工作，把生活搞得一团糟，工作效率也因此受到影响。真正会工作的人，既懂得享受生活，又懂得如何把工作做好，他们把工作和生活分得很清，工作和生活两不误。那么，他们是如何做到的呢?

首先，要理解工作和生活的概念。工作是为生活服务的，通过工作，我们能获得自己想要的东西，如生活保障。但工作往往比较枯燥、乏味，不能随心所欲，而且还受到一些规章制度的约束。工作是体现一个人价值的地方，让人感到充实，让我们的人生充满意义。

反过来，生活也是为工作服务的。生活可以用来养精蓄锐，调整身心，使之保持健康的状态，这样我们才能精力充沛地投入工作中，才会收到事半功倍的效果。

虽然工作和生活密不可分，但它们并不是一回事。生活就是生活，工作就是工作，如果将它们混为一谈，两者都会受到影响。把工作当成生活，会放松自己，懈怠工作，只讲究享受，不讲究努力和奉献，最终丧失进取心，并对工作产生消极心态；而把生活当成工作，一整天都处于工作状态，满脑子想的都是工作，就会变成工作狂，把自己当成机器，从而疏忽了亲情、友情和爱情，甚至损害自己的身心健康，让生活完全失去意义。

其次，工作中不要夹杂私人感情。工作需要全身心投入，一旦掺杂了私人感情，就会影响个人情绪，最终殃及工作效率。一个会工作的人，知道工作时该怎么做，他不会把生活中遇到的各种情感问题带到工作中，从而影响到自己的正常发挥。一个人如果把生活中的情绪带到工作中，必然无心工作，就算强迫自己工作，也会因为不专心导致各种问题。

最后，要注意劳逸结合。工作时要全力以赴，不要总想着“周末去哪里玩”，“家里的马桶坏了找谁修一修”，“孩子马上要上小学了，是选私立的好还是选公立的好”。这些问题完全可以放到下班后再去想。工作的时候想生活中的琐事，会占用大量的宝贵时间，不但找不到解决的办法，还会导致分心，最终耽误了工作。

同样的道理，该休息时就要休息，尽量放松自己，让工作中持续处于紧张状态的大脑放松下来，这样才能更好地投入工作。例如，可以做一些自己感兴趣的事情，享受一下午后的阳光浴，也可以约上三五个好朋友谈天说地、吃喝玩乐。总之，不管工作中遇到什么棘手的问题，都要暂时抛在一边，清空自己的心灵，让自己尽情享受生活的美好。这样，等到工作的时候，你才会有良好的精神状态，那些棘手的问题也就迎刃而解了。

著名主持人杨澜在一次接受媒体采访时，是这样评价自己对工作和生活的理解的：“我的确很忙，现在已经到了一个饱和状态，就是说不能再忙了，如果忙得不能保证自己的生活品质的话，我宁可不要。我现在这样还可以休假，每周有一半的时间可以回家吃晚饭，可以陪孩子讲故事、做游戏，可以和先生一起聊天散步，可以每周做一到两次瑜伽。我这样的年龄和工作状态，决定了我无法完全掌控自己，但是我可以合理地梳理和安排。我们大家都需要有平衡的生活，而不能疯狂地工作。遵从身心健康的方式和节奏，我才接受。”

杨澜对工作和生活的平衡之道，值得我们每个人学习。要合理安排自己的工作和生活，有意识地培养自己的兴趣，使自己在紧张的工作之余，能够得到彻底放松。

战胜拖延症

拖延几乎成为现代人的通病，很多人遇到事情，总是会产生“先放一下，待会儿再行动”的想法，正是这种思想毒瘤让我们慢慢养成了做事拖拉的恶习。

工作效率低，通常是因为我们采取拖延的态度，不能第一时间去完成。大多数人都有这样的毛病，但很少有人主动去克服、战胜它。究其原因，是我们还没切实体会到拖延症的害处。偶尔一次拖延，只不过被领导训斥一顿，有时还能侥幸逃过任何惩罚。但是，如果任由拖延的恶习长期控制你，就会严重影响你的生活和工作。拖延症会让你错失机会，让你被迫加班，给你带来巨大的压力，让你产生抱怨、愧疚等一系列负面情绪。

傍晚时分，一位画家在乡间小路上散步，他看到青翠的大树和小草、嬉闹的小松鼠，听到潺潺的溪水和婉转的鸟啼，心里突生灵感，一幅美景出现在他的脑海，构图各方面都堪称绝妙。可是，他并没有马上回家，把这一灵感付诸笔端。他对自己说：“先等等吧，等我欣赏完这一路的风景，再回去画也不迟。”于是，他慢悠悠地走着，欣赏着路边的风景。

回家后，吃过晚饭，他又跟家人聊了一会儿天，抽了一根烟，等到上床睡觉时，才突然想起来要画点什么。他支起画架，调好颜料，但无论怎么回忆，都无法将傍晚看到的美景画出来。那些灵感早已烟消云散。他捶胸顿足，恨自己没有早点付诸行动。

生活中，很多人都有画家这样的遭遇，一个绝妙的点子、一句颇有感悟的话，都伴随着灵感突然降临，可它却在我们为自己的拖延找借口——“晚一点儿再记下来不迟”时，悄然离我们远去，等我们再搜肠刮肚地去寻找时，它连个影子都不见了。好的想法、好的机遇总会转瞬即逝，如果拖拖拉拉，就只能留下遗憾和扼腕叹息。

人之所以会拖延，原因是多方面的，例如害怕改变、恐惧失败、追求完美等。尽管拖延症很可怕，但要战胜它也不是不可能，对此，心理学家给出了以下建议。

①制定一个切实可行的目标。有些任务，乍一看上去似乎很难实现，这时不要因为困难就搁在一旁，无论你放多久，困难依然在那里，不会减少一分，反而浪费了宝贵的时间。相反，要制定一个切实可行的目标，将目标分成几个阶段，由易到难，逐步执行。每完成一个目标，你的信心都会得到提升，激励自己不断前行，直至实现所有的目标。

②马上行动。有拖延症的人往往缺乏这一种精神，要杜绝这种现象，就要逼迫自己行动起来。一旦你采取行动，就能静下心来，努力完成任务。最怕的就是一再拖延，到最后凉了心思，再也提不起做事的劲头，所以刚接到任务时，要趁热打铁，至少先完成一部分。

③给自己设定时间。很多人之所以不能按时完成任务，其原因在于时间观念差，做事没有计划性，想起来就做一点，想不起来就放在一边，以致最后耽误了进度。只要给自己设定好时间，每天花多少时间来做事，做到什么程度，然后严格执行计划，就不会造成拖延。

④消除干扰因素。做事要集中精力，这样效率才高。一切外在的干扰因素都会不同程度地影响我们做事的心情，降低我们做事的效率。所以，要尽量消除干扰因素。例如，选择一个安静的地方，关掉聊天工具，如果网络也会影响你，那就断掉网络，给自己足够的空间和时间来做事情。当然，也无须过分隔绝，只要保证自己不受过多的干扰就可以了。

⑤做好迎接困难和挫折的准备。有些任务完成起来不太顺利，这时要做好迎接困难和挫折的准备，以免遇到困难时措手不及，丧失信心，以拖延为借口逃避困难。提前做好心理准备，就会认真对待困难和挫折，及时采取应对措施，坚持完成任务。

如果你的拖延症已经根深蒂固，那么修正起来就会很困难，而且过程也非常熬人。但俗话说得好，不经历风雨怎么见彩虹？不经历这样一段艰难的日子，就体验不到战胜拖延给自己带来的成功和愉悦，也无法深刻体会到好习惯给你带来的巨大改变。

学会运用弹性思维

说到弹性，我们自然会想到弹簧，弹簧受到外力压迫后会变形，可一旦外力消失后，还会恢复原状。人如果也有这种能力，在面对压力、突然的变故或挫折时，就能够化压力为动力，有效地摆脱困境，获得身心的放松。具有这种能力的人必定有良好的弹性思维。所谓弹性思维，简单来说，就是能够灵活掌控局面，具体问题具体分析，不拘泥于某个观念。

生活在现代社会，工作中的压力让我们时刻处于紧张状态，唯恐表现不佳遭到无情的淘汰。再加上生活中的各种烦恼和不如意的事情，更是让我们陷入无边的苦海，难以脱身。

面对这些压力，如果不懂得排遣和消解，一味地消极对待，不但会使压力增大，心里那根紧绷的弦也有断掉的危险。这时，就要学会运用弹性思维，化挫折为动力，为自己创造一个积极、宽松、和谐的生活和工作环境。要做到这一点，首先就得改变心态。

所谓心态，就是一个人对待事情的态度。遇到好事，人们的心态自然是积极乐观的，可一旦遇到困难和挫折，就很容易变得消极悲观。这个时候，要学会改变心态，告诉自己情况远未到最糟糕的时候，事情还有转圜的余地，只要保持乐观的心态，冷静思考，就一定能渡过难关。有了这样的暗示，心就不会慌乱，大脑就会积极思考，想尽一切办法解决问题。

越是在困境中，越不能用常规思维去想问题，如果常规办法就能解决的话，那你遇到的困境就不能称之为困境了。只有开拓思维，另辟蹊径，才能从根本上解决问题。

某长跑训练基地坐落在僻静的山谷里，教练曾是世界著名长跑冠军。为了提高队员的成绩，他想尽一切办法，例如起早贪黑地苦练、每天让队员拖着沉重的沙袋跑步，但训练效果却不尽如人意。教练很苦恼，一时间也想不到更好的办法。

有一次，他又给队员布置了一项任务，让他们从这个山头跑到对面山头，自己则早早站在对面山头等待计时。结果出人意料，平时训练向来倒数第一的队员，这次却跑了第一，而且还打破了世界纪录。他惊讶万分，看着气喘吁吁的队员，他询问对方是怎么回事。原来这名队员在训练途中遇到了一匹狼，为了逃命，他不得不竭尽全力奔跑，这才把狼甩掉。

教练从中得到启示，于是养了一匹狼，用皮套套住狼嘴，每次训练都把狼放出去，追赶队员。结果，队员们训练时不敢有丝毫怠慢，成绩飞速提升，并多次在各种大赛中获奖。

故事中的教练运用弹性思维，把狼制造的压力变成动力，从而获得意想不到的效果。

工作中遇到压力时，我们也应该培养这种弹性思维，不要因为压力大而逃避、抵抗，要正视压力的存在，顺着压力的方向寻找有效缓解压力的办法。压力就像那匹狼一样，能够激发人的潜能，让人的能力得到极大的释放。

著名球星林书豪成名前，在 NBA 里默默无闻，而且因为表现不佳，随时面临被淘汰出局的命运。面对巨大的压力，他依然保持良好的心态，每天坚持训练，化压力为动力，最终一鸣惊人，成为家喻户晓的华裔球星。

在我们身边，类似林书豪这样的例子还有很多。一位很胖的母亲，平时连走路都摇摇晃晃，更别说跑步。然而，当她买菜回来看到自己的女儿从楼上掉下时，不顾一切跑过去，用自己的双臂接住女儿，那速度比世界冠军都快。是什么原因让她有了如此惊人的转变？答案是压力，女儿在生死徘徊中给她带来的压力。可见，压力有多大的作用。

所以，无论在工作中还是生活中，都要学会运用弹性思维。当我们面对压力时，不要因为辛苦而退缩，更不要因为厌烦而反抗。相反，要咬紧牙关，坚强地挺过去。压力是人生的燃料，只要你勇敢地面对它，努力战胜它，你的人生就会获得质的飞跃。

别把简单的事情复杂化

在一座古老的城堡里，有一辆古代遗留下来的战车，车辕上系着一个复杂的结，相传谁能解开它，谁就能征服亚细亚。很多人听说这件事，都来到这里试图解开那个结。然而千百年来一直没有人能够解开它。直到有一天，马其顿国王亚历山大经过这里，听闻这件事，也想解开它，但他和其他人一样没有办法。最后，他抽出随身携带的宝剑，一剑劈开了它，他说："管他什么结，让亚细亚在我的剑下屈服吧！"许多人以为这个复杂的结只能用复杂的方法来解，没想到亚历山大一剑就把它解开了。

有些事情本来很简单，如果你把它想得很复杂，它就会变得很复杂。这意味着，你需要投入更多的精力去求解，整个过程通常很漫长，而且备受煎熬，给你带来无尽的烦恼。到最后，也许越想越复杂，本来很容易的事情变得非常棘手。

举个例子，有一天领导突然让你去执行一项以前从来没完成过的任务，本来没什么别的意图，就是交给你去完成而已。但你却心有所疑，老是揣摩领导的心思，把一件简单的事情想得很复杂，搞得自己很累不说，还畏首畏尾，不敢放开手脚去干。

一个人如果总是把简单的事情复杂化，他的生活就会显得很无趣，每天战战兢兢，感觉周围不是阴谋就是诡计，不是坏人就是奸人。以这种心态做事，自然不会有什么好效果。

人只有简单了，才会变得快乐，一旦复杂就会变得顾虑重重。遗憾的是，当今社会很多人活得很复杂，他们凡事不敢不多想一步，唯恐自己不多想，就会落入他人的圈套；凡事不敢不往复杂了想，唯恐因为简单而错失很多东西。与人交往，别人三两句无关痛痒的话，就会让你整宿睡不着觉，翻来覆去琢磨这些话的含义，好像别人说话办事都有深意似的。

大学课堂上，数学老师在提出很多难解的问题后，突然问大家："一加一等于几?”所有学生都缄口不语。于是，教师又大声问了一遍：“一加一等于几？谁知道答案?”但还是没有人回答。老师笑了，这一笑同学们更相信这不是一道简单的数学题了。

这位教师没有再问下去，而是转移了话题。下课后，老师还是没给出那道题的答案，同学们被吊足了胃口，急于知道答案，也许数学界会有新的答案也说不定。他们骚动起来，终于有人问道：“老师，刚才那道题还没给答案呢。”“什么题?”老师假装不知道。“就是一加一等于几呀。”有人大着胆子回答。“你们还在想那道题呢?”老师笑道，“一加一等于二呀，这么简单的问题，你们在幼儿园就该会了吧?”教室里一片哗然。

简单并没有错，简单包含着大智慧，厚厚的一本书读薄了，才算真正掌握了。简单的事情简单处理，效率才会提高，把简单的问题复杂化会影响做事的效率。就像你平常见到的人和事一样，让它们在你的生活中匆匆而过，没必要去多想。跟陌生人闹了别扭，就是一次简单的争吵而已，过去就让它过去了，如果你总是纠结，就会越想越气愤，越想越委屈。

有人说：聪明的人把复杂的事情简单化，愚蠢的人把简单的事情复杂化。面对复杂的事情，如果能够简单对待，生活就会变得轻松自如，没有什么过不去的火焰山，也没有什么能让自己烦恼的事情，这样的人生自然会多一分希望，多一分宁静，多一分睿智。

不要设定过高的目标

人生就像茫茫大海中的帆船，没有目标注定要四处漂泊，彷徨一世。哈佛大学曾作过一次著名的社会调查，他们在几所名牌大学里分发问卷，了解目标对未来人生的影响。结果发现，只有15%的学生对未来有清晰的人生定位。20年后，这些学生都成了社会精英，而剩下85%的学生由于没有明确的人生目标，依然挣扎在社会底层，生活不如意，家庭不幸福。

这个调查告诉我们，年轻人要有目标，规划好自己的人生，才能在未来成为赢家。

目标虽然能激发我们的斗志，但如何设定目标却是一门学问。太难或太容易的目标都无法激励人们去完成任务。著名教育家皮亚杰说过："人们对一件事情是否感兴趣，完全取决于这件事情的难易程度对他们是否有一定的挑战性，同时通过努力又能保证完成。"在他看来，只有当人们知道自己想要的东西跳起来就能拿到时，才会调动自身的潜能去争取。

制定目标的道理也一样，既要基于现实，又要超越一般标准。那么，什么才是合理的目标呢？一句话——具有一定的挑战性，同时通过自己的努力又能实现的目标就是好目标。

目标就像种子，而现实是土地，目标只有掩埋于现实的沃土里才能生根发芽，长成参天大树。目标过高会脱离现实，变成好高骛远，永远无法实现。这就好比你捡到一枚鸡蛋，就幻想着拥有一栋别墅，成为百万富翁。你的逻辑是：蛋生鸡，鸡又生蛋，鸡多了换鸭，鸭多了再换牛，牛多了换房子，房子多了换别墅，而你自然也就成为富翁。这样的目标就很不切实际，只能变成黄粱美梦，最后很可能竹篮打水一场空。

目标过高会让你感到痛苦，觉得自己离目标太远，尽管苦苦追寻，依旧难以实现。为了一个不切实际的目标变成工作狂，不断给自己制造心理压力，严重透支身心健康，这样的人生就算成功了又有什么意义？现代人工作压力本来就大，平时加班加点已经感到很累，如果再给自己加压，那无异于压倒骆驼的最后一根稻草，只会加速它的毁灭。

目标过高还会让你失去动力。如果你制定的目标像天上的星星一样，看似近在眼前，其实遥不可及，仅凭自己的力量永远不可能实现，那么你越努力越觉得目标遥远，一种挫败感从心底油然而生，最终不得不放弃。这比没有目标更加痛苦，因为你付出了却一无所获。

制定目标要根据自己的实际情况，只有通过自己的努力能够实现的目标才是适合自己的目标。具体可以遵循 SMART 原则：

①明确性（Specific，S）。目标要明确，不能模糊，越清晰的目标越好。

②可衡量性（Measurable，M）。目标要量化，考核时可以采用相同的标准准确衡量。

③可达成性（Achievable，A）。通过一定努力，是可以实现的。

④相关性（Relevant，R）。组织目标与个人工作能结合。

⑤时限性（Time table，T）。目标必须具有明确的截止期限，以避免任务拖延。

对自己不要太苛刻

生活中，对自己要求严格是对的，但你必须清楚，每个人的能力都是有限的，不要幻想着把事情做得完美无缺。很多事求也求不来，顺其自然反而是最好的选择。没有人可以一举成名，也没有人可以马上升官，对自己要求太严，反而变成一种苛刻。

程英是一位外语爱好者，经过艰苦努力，其英文已达到可以翻译著作的水平。之后，他又发誓半年攻下德语，结果因为操劳过度生了一场大病。事实上，人的体力和精力都有一定的承受范围，超过这个限度，去苛求不现实的成功，是对自己身心的残害。

有雄心壮志的人，通常对自己要求苛刻。一旦事情没有按预期的方向发展，就会产生自责、愧疚，甚至是抱怨。这些人通常都是完美主义者，他们不允许自己失败，对完美的追求甚至到了一种病态的程度。这些不良情绪会影响人的正常发挥。

父亲是一个完美主义者。有一天，他让儿子打扫院子。儿子扫完后向他报告，父亲说："还不够干净！"于是，儿子又打扫了一遍，回来向父亲交差。父亲严厉地说："还是不够干净！"儿子很无奈，只好再打扫了一遍，可父亲还是那句话："不够干净！"儿子终于忍不住辩解道："爸爸，真的没东西可扫了。就连踩在脚底下的石头我都清洗了三遍，院子里的那棵梧桐树，我都洒了水，叶子碧绿碧绿的，地上干净得找不一片小树叶和一根小枝杈。"

这时，父亲站起来告诉儿子："那不是打扫院子的方式！"说着自己走向院子，儿子紧跟其后，发现父亲握住那棵梧桐树，拼命摇晃起来，地上瞬间落满了宽大的树叶，他看了一眼儿子，说道："这才是打扫院子的方式！"

父亲追求完美的举动令人发笑，以这种方式来要求自己，无疑是对自己的折磨。所以对自己不要太苛刻，要善待自己，这样才能忽略掉不必要的小节，敞开心胸，大踏步前进。

顺境时善待别人，逆境时善待自己。处于逆境时，要提醒自己，人难免遇到挫折，不要悲伤，不要难过，能够让你迈过难关的只有你自己，要疼爱自己，善待自己，给自己足够的力量去战胜困难和挫折。只要你懂得善待自己，生命就永远没有失败。

善待自己，就要学会宽恕，懂得退让，不要让欲望吞噬自己的快乐。善待自己，就要学会妥协，不能自己跟自己较劲。善待自己，就要学会换个角度看问题，要从多个角度、多个侧面分析问题，不固执、不纠结，保持豁达的人生态度。

善待自己，还要看淡一切。在你的一生中，总会有让你欢喜的事情，也有让你烦恼的事情，只有忘掉忧伤，看淡欢乐的过往和忧伤的曾经，才能重新收拾行囊，踏上新的征程。

一次只做一件事情

一边开车一边打电话、一边开会一边回邮件、一边吃午饭一边浏览文件，这是我们很多人真实的生活写照。有时候忙起来，恨不得多长出几条胳膊，这样才能同时做很多事情。其实，这样做不但不能提高效率，反而会忙中出错。正确的做法是，一次只做一件事情。

科学家曾对小白鼠做过实验，让它们钻圈的同时走钢丝绳，结果发现，所有的小白鼠都变得不安，要是让它们再钻火圈的话，它们会立刻变得很焦躁。其实，人类也一样。美国人通过研究发现，一个人如果同时做几件事，更容易患高血压。事实证明，一次只做一件事情不但不会耽误你的效率，反而有助于你集中精力把事情办好，自己也更轻松自在。

也许有极少数天才确实可以有条不紊地同时处理好几件事。但大多数人都是普通人，如果脑子里塞满各种指令，就会像电脑占用过多内存一样，最终导致系统崩溃。所以，永远不要高估你的大脑。再聪明的人，一次也只能做一件事情：当你思考某项工作需要花多长时间时，就不能思考这项工作要分几个步骤来完成；当你思考昨天做了哪些事情时，就不能思考明天应该做哪些事情；当你思考痛苦的事情时，就不能思考快乐的事情。

不仅如此，大脑的运行是有先后顺序的。如果你同时穿插几件事，一会儿想这个，一会儿想那个，来回穿梭，大脑必将忙得晕头转向，疲于应付。一个人一旦处于这种状态，就很难将精力集中在一件事情上，从而把问题想明白、想透彻，只能流于浅显和粗陋。

为了让发散的光线集中在一点，我们会使用凸透镜。同样的道理，为了将精力集中在一件事情上，避免分心走神，我们需要消除外在因素的干扰，保持绝对的专注。三心二意的人是干不成事情的，就像小猫钓鱼一样，一会儿抓蜻蜓，一会儿抓蝴蝶，到头来一无所获。

在曼哈顿中央火车站的问询处，每天都有许多的旅客提出各种问题，而且希望马上得到答案。可想而知，问询处的工作人员承受着多大的心理压力。

然而，有一个年轻人，面对顾客没完没了的提问，却始终面带微笑。有一天，一个满脸焦虑的女人正询问年轻人去波士顿的列车几点开车。年轻人身体往前倾，专注地听这个女人的问题。这时，一个戴礼帽的男人试图打断他们的谈话，但年轻人没有理睬他。

等这个女人离开后，他才转过身来，询问这位男士有什么问题要咨询。两人正交谈的时候，刚才那个女人又返回来，她忘了问车次，于是急不可耐地问年轻人。年轻人同样没理睬她，而是等回答完那位男士的问题后，才把注意力转移到这个女人身上。

有人问年轻人："面对众多焦躁的乘客和提问，你是如何保持冷静自如的？"

年轻人回答："我并没有跟所有乘客交谈，我只是接待完一位乘客，再换下一位。虽然我一次只服务于一个乘客，但每次一定要让这个乘客满意为止。"

每天我们在工作中，都面临年轻人这样的问题。如果你能根据事情的性质分出轻重缓急来，一次只做一件事，就不会因任务繁多而顾此失彼，导致工作效率低下。

我们都知道，如果往漏斗里投进少量的玉米粒，它们会一次性全部漏下去，而如果一次投进很多，就会把漏斗口堵住，最终一粒都漏不下去。做事情也一样，只有集中精力才能把事情办好，如果同时做很多事情，不但事情办不好，还会浪费很多不必要的时间。

获得他人的支持

虽说职场如战场，但工作中如果没有几个死忠同事，这工作也不好做。关键时候，需要有人挺你，有人帮你，获得他人的支持，才能在工作中游刃有余。

那么，如何才能获得他人的支持呢？

要真诚待人。每个人都渴望得到真诚，但要获得别人的真诚，首先自己要坦诚，对待身边的人有爱心，这样才会得到别人真诚的回报。台湾作家三毛说过，人际关系中最重要的莫过于真诚，而且是发自内心的真诚。

刘备三顾茅庐，以真诚相邀，才赢得诸葛亮的支持，一举奠定三国鼎立的局面；杨时程门立雪，以真诚感动老师，才获得程颐的倾心教授，成为著名的理学家。一个人只有真诚待人，别人才会真诚待你。这样，你才能建立良好的人际关系，为事业打下坚实的基础。

经常帮助别人。爱默生曾经说过："人生最美丽的补偿之一，就是人们真诚地帮助别人之后，同时也帮助了自己。"当我们帮助别人的时候，其实也是在帮助我们自己。

很多时候，人们抱怨人际关系复杂，找不到真心相待的朋友。其实，这主要是因为我们平时为自己考虑得太多，对别人关心得不够。一个人如果平时不注意维护人际关系，临到有事时才想起来对别人献殷勤，难免给人惺惺作态的感觉，很难得到别人的帮助和支持。要懂得"将欲取之，必先与之"的道理，平时多帮助别人，这样才能赢得别人的信任和支持。

对人热情、豁达。不管对什么人，都要表现出自己热情的一面，冷若冰霜只会让人对你敬而远之。同时，待人要宽厚、豁达。生活中与人相处，难免会遇到一些不开心的事，摩擦和矛盾不可避免。这时，要表现出豁达的态度，不斤斤计较，不睚眦必报，以宽厚的仁慈之心接纳别人，化解矛盾。这会为你赢得好人缘，获得更多人的喜欢和支持。

严格要求自己。严格要求自己是一种能力，也是一种魅力。要求别人做到的，首先自己得做到，要求别人遵守的，首先自己得遵守，这样才能树立良好的形象，获得别人的尊重。严于律己的人往往拥有极强的自制力，他们不断纠正自己的错误，不断弥补自己的不足，在成长的道路上内心越来越强大。这样的人就像磁石一样，对别人有很大的吸引力，容易吸引到有能力的人为其鞍前马后地拼命工作，支持他的事业。

喜欢你周围的人。也许你对张三有成见，对李四没有好感，你的脸会出卖你的想法，让别人看到你对他的态度。人与人交往是相互的，你不喜欢别人，别人同样不会喜欢你，更谈不上支持你。要让别人喜欢你，你首先得喜欢别人。那么，面对让你讨厌的人，如何才能试着喜欢他们呢？很简单，要看到别人好的一面，这样你才会对他们另眼相看。如果你只盯着别人的缺点，拿着放大镜看人，那么你既不会开心，也不会喜欢上别人。

总之，要想获得别人的支持，就得先支持别人，善待别人，不能给人被利用之感，那样的话，你永远不会得到别人的支持，你会因为利用别人而付出惨痛的代价。

学会拒绝别人

答应别人是一件很爽快的事，拒绝别人则正好相反。尤其是拒绝熟人或者朋友，往往会感到不安，怕伤害别人，也怕别人对自己产生误解，以为自己不愿帮他们。但有时候，拒绝别人是很有必要的，否则不但会让自己很难受，也会给别人带来麻烦。

例如，你手头有很重要的事情要处理，无法腾出时间来帮助别人，不拒绝别人就是给自己添乱，让自己在苦恼中做事，不但自己的事情做不好，还会耽误别人的事情，即使勉强帮了，也会因为精力有限而无法做好，最终得罪别人。这时候，拒绝别人就是一种美德。

拒绝别人，是为了不让对方受到伤害。学会拒绝别人，是对自己和对他人负责，是一种认真做事的态度。不懂得拒绝的人，其实是放纵自己的感情，任由误会产生，造成矛盾，最终损害两个人的感情。本来出于好心才没拒绝，最后却办了坏事，其中的误解有口难辩。

相反，如果你拒绝别人，虽然对方当时可能会埋怨你，但你向他传递了一种信息：你珍惜自己的时间，而且你让他们明白，你是因为不想敷衍了事，所以不想草率作出承诺。

很多人对“拒绝”两字非常反感，他们认为如果你拒绝他，就意味着你否定他，看不起他，或者不给他面子。而事实上，拒绝的意义并非如此。也许有人拒绝的时候有这方面的考虑，但大多数人的拒绝是一种好意，尤其是心有余而力不足的人。就像十字路口的红灯，它之所以拒绝你通过，是让别人享受平等通行的权利，是为了保证你生命的安全。

有一次，一位跟林肯关系不错的朋友邀请他在一个编辑大会上发言。林肯从来没做过编辑，对编辑工作一无所知，因此出席这样一个会议很不合适。于是，林肯想拒绝对方。

不过，他担心直接拒绝对方不太好，就给这个朋友讲了一个故事：

“有一天，我在森林里遇到一个骑马的女人，我停下来给她让路，她也停下来，目不转睛地看着我。她说：‘我现在才相信你是我见到过最丑的人。’我说：‘你也许说得不错，可我又有什么办法呢？’她说：‘是的，你确实没办法。可既然你长得这么丑，为啥不待在家里而要出来吓人呢？’”朋友听了莞尔一笑，同时也明白了林肯的意思，也就不再勉强他。

林肯之所以拒绝朋友，完全是出于好意，一来他没有编辑经验，确实没法参加那样的会议，一旦答应下来，就是给自己制造压力，不得不在一个陌生的领域浪费大量时间，发言时还不一定能说好，说砸了会非常丢人。二来一旦他答应对方，就等于给朋友吃了一颗定心丸，让他对自己抱有很大希望，万一那天他有事参加不了或者发言很糟糕，朋友面子上也会过不去。所以，拒绝朋友的邀请才是最明智的做法。

故事中，林肯的拒绝很有技巧。他并没有冷冰冰地一口回绝，也没有拐弯抹角，而是通过讲故事，将拒绝之意寓于其中，既保全了对方面子，又不伤害两人的感情。

林肯的这种拒绝方式值得我们学习。如果你担心直接拒绝会惹怒别人，不妨采取一些委婉的方式，例如先表示同意，然后紧接着说：“不过，我现在任务多得喘不过气来，能不能下个月再说？”或者：“在我答应你之前，你能不能先去做一下前期工作，看看这事是否可行？”这样的回答避免了直接拒绝，不但让对方理解你的意思，也不会伤害你们的感情。

当然，如果真的无能为力，就要实话实说，如果害怕尴尬，那就打电话或者发短信。只要你不是故意拒绝别人，并且让对方感受到你的诚意，没有人会因此抱怨你的。

放下沉重的包袱

生活中，难免会有压力。很多人不懂得放松自己，被欲望遮住双眼，结果还没成功，就已经被沉重的包袱压得喘不过气来。金钱和地位其实并不重要，重要的是自己的生命，当你觉得压力很大时，不要硬撑着，要学会放下包袱、轻装上阵。

有个年轻人背着一个大包袱，从很远的地方来找一位大师。见到大师后，他立刻向大师诉苦："大师，我感到孤独、寂寞和痛苦。我千里迢迢，跋山涉水，疲惫不堪，我的鞋子破了，脚也被荆棘扎出血，手上满是伤痕。我这么辛苦，为什么还找不到心中的阳光？"

大师问："你包袱里背的是什么？"年轻人答道："是我每次跌倒时的痛苦，每次受到伤害后的哭泣，每次孤寂时的落寞，靠着这些东西，我才一步步来到您的面前。"

大师带着年轻人来到河边，坐船过了河。上岸后，大师指着船对年轻人说："你扛着它赶路吧。"年轻人张大嘴巴："船那么沉，我能扛得动吗？""是的，你扛不动它。"大师微微一笑，"过河的时候，船是有用的。可一旦过了河，我们就要放下船去赶路，不然它就会成为我们的包袱。痛苦、孤独、寂寞、灾难、眼泪，这些经历虽然能够丰富我们的生命，但如果你念念不忘，就会成为人生的包袱。放下它吧！生命不能太负重。"

年轻人放下沉重的包袱，继续赶路，结果发现自己变得无比轻松，心情也大好。

原来只要放下包袱，生命就会变得趣味盎然。放下包袱，不是让你放下自己的需求，而是放下自己的贪求；放下包袱，不是让你放弃自己的希望，而是放弃不现实的奢望。

古代有一对捡破烂的夫妻，每天都唱着歌出门。住在他们隔壁的财主很纳闷："为什么他们这么穷，还那么快乐，而我这么富有，还那么烦恼?”他的妻子微笑道:“想让他们变得不开心吗?给我一贯钱,给他们送去,保证他们明天不再唱歌。”

这对穷夫妻拿到财主婆给的钱,当晚就发起愁来,把钱放在家里,怕门关不严进了贼。把钱放到枕头底下,又怕丢了。为此,他们一夜都没睡好。第二天一大早,丈夫揣着钱到市场上走了一圈又回来了。妻子问他为什么,他说:“这钱说多不多,说少也不少。做小买卖吧,不甘心,做大买卖吧,钱又不够。”两个人对着钱发愁。

隔壁的财主果然没听到穷夫妻再唱歌,他正疑惑的时候,穷夫妻来了,把钱还给了他的妻子,说:“我们每天出去捡破烂,也比有了这一贯钱轻松!”

人因为有欲望,才有压力,欲望越大,压力也就越大。欲望的沟壑是填不满的,如果深陷欲望之中,压力就会不断积累,最终变成沉重的包袱,压得你无法前行。要想前进,只能丢掉包袱,轻装上阵,这样才能走得更快、更远。

在追求梦想的道路上,我们总会遇到各种各样的挫折。如果不能放下,遇到点挫折就念念不忘,如何面对今后的人生?所以,该放下时就要放下。放下傲慢,才能胸襟开阔;放下嫉妒,才能接纳别人;放下恐惧,才能坦然面对;放下痛苦,才能重整旗鼓。

法国 ELLE 杂志总编辑尚·多明尼克·鲍比一日突然中风,全身瘫痪,只有左眼可以动,但他并没有放弃求生的希望,始终坚持追求自己的梦想。在助手的帮助下,鲍比以常人难以想象的毅力和拼搏精神,最终完成了他的著作《潜水钟与蝴蝶》。

鲍比之所以成功,是因为他放下残疾的包袱,无牵无挂地追求自己的幸福。所以,年轻人,放下包袱,学会轻装上阵吧!只有这样,你才能找到自我,获得更多的快乐。

放慢你的脚步

在这个追求速度和效率的时代，人们无论做什么都要既快又好。奥运会百米大战不断刷新纪录，跑出更快的速度；火车从特快到动车，再到高铁，通过不断提升速度来满足人们对于效率的追求；人们在职场上打拼，以速度为准绳，力争创造最大的效益。

每个人都像一只被无形的手抽打着的陀螺，不停地忙于工作，忙于应酬，忙于挣钱养家糊口，却不曾留意枝头的嫩绿何时带来春的消息，不曾留意父母的额头何时增添了许多刀刻般的皱纹，不曾留意自己心灵的明镜上何时沾染了厚厚一层灰。

人们在追求物质享受的同时，却忽视了心灵和精神上的需要。为什么身处闹市的人会有寂寞的感觉？就是因为人的身体已渐行渐远，而心灵还停滞不前，无法适应新的环境、新的面孔，只好战战兢兢躲在阴暗的角落里哭泣。有人说："人的身体和灵魂，总该有一个在路上，或读书，或旅行。"读书和旅行都能让我们疾驰的脚步慢下来，以便重新整理自己的思路，平复自己的心情，以从容的态度看待身边的一切。

当你被金钱和名利的欲望遮住双眼，为此摸爬滚打却变得伤痕累累时，请放慢脚步，重新审视生活的意义。扪心自问，这些东西真的是你想得到的吗？以牺牲快乐为代价，换得这些生不带来死不带走的东西到底有多大的意义？

放慢你的脚步，为迷茫的心找到方向。"前进！前进！"当你在口号声中向前飞奔，不顾一切冲向远方时，你的心里在想什么？前方是什么？它为何吸引你急匆匆地赶路？如果你的目标明确，那很好。如果你连自己为之奋斗的东西是什么都不知道，那狂奔又有何意义？

放慢你的脚步，感受生活的多姿多彩。因为狂奔，你一定不会仔细品味生活，或许还会觉得生活就是冰冷的高楼、忙碌的行人、浓烟滚滚的机动车。如果你这样想，那你的生活必定是枯燥乏味、毫无生趣。人生是鲜活的，有血有肉，只有放慢你的脚步，才能听到小鸟婉转动听的歌声，一位满脸沧桑的老人内心充满了动人的故事。

匆忙的人，没有时间在历史和现实之间辗转思考，他们写不出《文化苦旅》那样深刻的文字；匆忙的人，不会留意生活的细节，他们感受不到生活的点点滴滴都充满乐趣；匆忙的人，没有机会欣赏沿路的风景，他们无法在枯燥的工作中唱出欢乐的曲子。

人不能成为生活的奴隶，为了填饱肚子而让心灵枯萎。毕竟，你不能光靠面包活着，你的心灵也需要滋润和营养。问问自己：有多久没有唱歌？多久没有亲近大自然？多久没有靠在椅背上闭目养神了？琴弦绷得太紧会断，神经绷得太紧会生病。生活不是百米赛跑，只有放慢脚步，才能活出自己的精彩。

放慢脚步是一种生活态度，是一种生活方式，也是一种生活情趣。当你放慢脚步时，沿途的美景会全部展现在你的面前，让你看个够，让你看出生活的趣味和生命的意义。

工作压力大，想辞职怎么办

小陈自打去年结婚后，不但要还房贷，还要养活一家人，并为迎接即将出生的宝宝做准备。为此，他不得不拼命工作。可尽管他竭尽全力，还是觉得工作很不顺心，经常出错。领导已经找他谈过两次话，虽然没说什么，但他感到非常愧疚。

为了弥补自己的过失，同时也为了多挣点钱贴补家用，他还经常加班，弄得自己疲惫不堪。即便这样，妻子还是整天牢骚满腹，说他没本事、不顾家，总拿隔壁小郑跟他比。小郑以前也是个小职员，后来下海经商，自己做服装生意，后来越做越大，并在郊区买了一套别墅，出入有宝马，派头十足，活得特别潇洒。

小陈越想越觉得工作压力大。也许妻子说得对，树挪死，人挪活，换个工作环境，没准会时来运转。要不也学小郑去经商？虽然自己没有经商头脑，可凡事总得试了才知道。正打算跟老婆商量，转念一想，家里目前正需要用钱，一旦自己辞职，无论是找一份新工作还是自己单干，短时间内都无法接济家用和还房贷。想到这里，他又犹豫了。

身处现代社会，快节奏的工作和生活让人们倍感压力。类似小陈这种情况，在很多家庭非常普遍。大多数人的工作压力都是迫于生计，因此就算辞职换一家单位，依旧是换汤不换药，治标不治本。那么，面对巨大的工作压力，我们该怎么做呢？

给自己放个假，让自己冷静一下

工作压力不是一朝一夕形成的，而是长期积累下来的。只不过最近连续遇到不如意的事情，才使自己产生了倦怠。这时，不妨给自己放个假，出去旅游几天，等冷静下来，再来考虑这个问题。问问自己：是真的不想在这家公司干了，还是对这个职业感到了厌倦？换个新的环境问题就解决了吗？从源头上找到想离职的原因，为自己的未来好好规划一下。

经过冷静的分析，如果你还是觉得目前的困境是因为工作压力大造成的，那就遵从内心的声音，辞职另找工作。这样，即使失败了，起码你的内心是快乐的。说不定失败还能给你带来另一番收获。如果你想辞职，又担心离职后会失去经济来源，故而迟迟下不了决心，那么对你没有任何好处。工作压力本来就大，现在又身在曹营心在汉，工作会更加不如意。

还有一种情况，即你发现生活才是造成目前工作压力大的罪魁祸首，那么，你完全没有必要辞职，你需要做的就是想办法缓解工作压力，减轻自己的思想负担。

不要给自己定过高的目标

如果你给自己定的目标太难，哪怕拼尽全力，依旧无法实现，那么你很快就会对工作失去兴趣，无法享受工作给自己带来的快乐。要想摆脱这种局面，就必须降低目标，或者重新审视目标，给紧绷的大脑松一松弦，让它能够自由、畅快地呼吸。

劳逸结合，寻找生活的乐趣

工作上遇到的事，尽量不要带到生活中去。忙碌了一整天，回到家就应该彻底放松、休息，做自己感兴趣的事情，跟朋友聚一聚，聊聊天，宣泄一下压抑的情绪。也可以到大自然中去，呼吸新鲜的空气，净化心灵。只要你愿意，总是能从生活中找到乐趣。

除了以上三种方法，还有很多方法可以帮你缓解压力，例如前面提到的弹性思维。只要你想减压，总会找到适合自己的方法。每个人在一生中，都会面临各种各样的压力，一味地逃避并不能解决问题，只有学会释放压力，保持良好的心态，才能战胜自己，战胜压力。

The end